머뭇거리지 않고
제때 시작하는
우리 아이 **성교육**

머뭇거리지 않고
제때 시작하는
우리 아이 성교육

성교육 전문가의 일상 대화로 들여다본 성 이야기

김유현 지음

그린페이퍼

저희 엄마 같은 엄마가 되고 싶습니다

초등학교 6학년 때 엘리베이터에서 성추행을 당했던 일이 아직도 기억이 생생합니다. 20대쯤 돼 보이는 남자가 아파트 엘리베이터에서 자신의 혀를 강제로 제 입에 집어넣었고, 집에 오자마자 이 사실을 엄마에게 말했습니다. 가만히 듣고 계시던 엄마는 서둘러 밖으로 나가 아파트 뒤쪽에서 의심되는 남자를 붙잡았고 그 자리에서 따귀를 한 대 날렸습니다. 그리고 우리 아이에게 당장 사과하라고 소리를 질렀습니다. 청년은 너무 예뻐서 그랬다며 죄송하다고 했고, 제게도 미안하다고 사과했습니다.

엄마는 그날 밤 "아빠도 우리 가족이니까 이 일을 알아야 해"라고 하시며 아빠에게 그날 있었던 일을 말씀하셨습니다. 두 분은 제게 이 말씀도 하셨습니다. "이 일은 네가 잘못한 게 아니란다. 또 이런 일이 생긴다면 주저하지 말고 우리에게 이야기하렴." 만약 엄마가 아무 조치도 해 주지 않았다면, 창피한 일이라며 아빠에게도 친구들에게도 절대로 비밀로 해야 한다고 말씀하셨다면 제 삶이 달라졌을 것입니다.

제 옆에는, 어떤 일이든 어느 때고 말할 수 있는 엄마가 있었고, 내 잘못이 아니라고 이야기해 주는 아빠가 있었습니다. 저도 그런 엄마이고 싶습니다. "설사 네가 세상에서 가장 나쁜 사람이라고 하더라도, 누구도 널 믿지 않는 순간이 오더라도 그 뒤에 온전히 네 편일 수 있는 사람은 엄마야"라고 이야기해 줄 수 있는 엄마 말이지요.

더 나아가 엄마와 아빠에게 그 같은 말을 못 하는 아이들에게 이 역할을 대신해 주는 선생님이 되고 싶습니다. 아이들이 말하는 것을 들어 주고, 설사 잘못을 저질렀다 하더라도 아이들 편에 서서 함께해 줄 수 있는 어른 말이지요.

좋은 성교육 강사가 되고 싶습니다

한때는 강의를 잘하는 멋진 성교육 강사를 꿈꿨지만 지금은 좋은 가치관을 이야기해 줄 수 있는 강사가 되고 싶습니다. 처음 '성교육 강사 양성 과정 테스트'를 준비하면서 내가 정말 강의하고 싶은 대상은 누구인지에 대한 많은 고민을 했습니다.

제가 강의하고 싶은 대상은 '양육자'였습니다. 왜일까요? 아이들이 가치관을 형성하는 데, 누구보다 중요한 역할을 하는 사람이 양육자이기 때문입니다. 제가 앞서 말한 성추행 경험을 강의 중에 이야기할 수 있는 것은 예전에도, 지금도 제 잘못이 아니기 때문입니다. 그러나 그 성추행을 감춰야 한다고 생각했다면 우리 아이들과 성에 대해 이야기를 나눌 수도, 지금처럼 성교육 강사도 되지 못했을 것 같습니다.

집에서 성에 관해 이야기를 나눠 보지 못했다면, 한번 생각해 보세요. 아이는 성에 관한 이야기뿐만 아니라 더 많은 이야기를 하고 있었지만 정작 우리가 귀 기울이지 않았던 것은 아닌가요? 친구 이야기, 선생님 이야기, 아이들 사이에서 지금 유행하는 이야기부터 먼저 이야기를 나눠 보세요. 그리고 성에 관해 이야기를 꺼내 본다면 조금 더 쉬울 수 있습니다.

좋은 성 가치관을 가르쳐 줄 수 있는 가장 멋진 성교육 강사는 바로 양육자입니다.

"그렇다면 어떻게 해야 할까요?"라는 질문에 답을 주고 싶습니다

양육자들은 '부모 성교육'에 관심이 많습니다. 학교 또는 기관에 강의를 하러 가면 생각보다 많은 참석 인원에, 프로그램을 기획하신 분들이 뿌듯해하시곤 합니다. 그렇다면 강의를 듣고 돌아가시는 분들도 만족하실까요? '재미있고 유쾌한 강의였다', '우리 아이들과 비슷한 또래 아이들의 생각을 알 수 있었다'라고 생각하시는 분도 있지만, 반면에 '강의는 재미있었는데 집에 가서 아이와 어떻게 이야기를 해야 하지?', '아이들의 생각은 잘 알겠는데, 강의에서 알려 준 방법은 내 스타일과는 다른데……'라고 생각하시는 분이 많습니다.

많은 분들이 성교육 강사는 도대체 집에서 아이들과 어떤 대화를 어떻게 나누는지, 자녀 성교육은 어떻게 하는지 궁금해하셨습니다. 해인이는 이제 초등학교를 졸업하는 나이가 되었고, 미르는 초등학교 고학년이 되었습니다. 아이들이 자라면서 함께 나눴던 대화들을 모아 양육자 분들이 강의 중에도 궁금해하셨던 부분들을 책에 구체적으로 담았습니다.

"이론과 맞지 않는데?", "그간 강의에서 들었던 정답과는 거리가 먼 것 같은데?"라고 하실 수도 있습니다. 저도 이론대로 살지는 않으니까요. 저희 집과 이 글을 읽으시는 양육자 분들의 가정은 상황도 다르고, 아이들의 성향도 다르고, 부모의 가치관도 다르니 당연히 다를 수밖에 없습니다. 그러므로 "이 책에 나온 대로 한번 시도해 볼까?"로 시작해 볼 수 있다면 좋겠습니다.

2022년 가을, 꿈다락상담교육센터에서
김유현

차례

프롤로그   4

Part 1 성 역할

나는 이제 분홍색이 싫어!   17
#분홍색 #파란색 #고정관념 #취향존중

설거지는 누나보고 하라고 해   22
#설거지 #집안일 #성평등 #역할분담 #가사노동

     성교육 TIP : 가사 노동의 어마어마한 가치   27

이 화장실은 남자랑 여자랑 같이 들어가?   29
#성평등화장실 #차별

여자는 치마? 나는 추리닝이 편해   32
#옷 #치마 # 바지 #여자아이옷 #남자아이옷 #화장 #외모

여자애라고 글씨를 꼭 잘 써야 하는 거야?   36
#성고정관념 #성차별 #글씨 #임금차이

왜 책에는 남자는 울면 안 된다고 나와 있어?   41
#남자다움 #눈물 #감정표현

Part 2 성인지 감수성

우린 왜 친할머니, 외할머니라고 안 불러?   47
#언어 #호칭 #가부장제 #친할머니 #외할머니

☕ 성교육 TIP : 성인지 감수성이란?   51

왜 명절엔 멀리멀리 할머니네부터 가?   53
#명절 #귀성길 #명절스트레스

나는 엄마랑 성이 같으면 안 돼?   56
#성(姓) #호주제 #부성우선주의

☕ 성교육 TIP : 호주제 폐지와 부성 우선주의 원칙   61

여자가 여자를 좋아하는 사람도 있고,   63
남자가 남자를 좋아하는 사람도 있대
#성별정체성(젠더정체성) #청소년성소수자 #성적지향 #동성애 #트랜스젠더 #시스젠더

유모차? 유아차? 바꾸어야 하는 말에는 또 뭐가 있어?   68
#성차별언어 #녹색양육자회 #저출생 #자궁 #몰카 #리벤지포르노

나는 잘생겼는데, 누나는 안 예뻐!   73
#외모비하 #자기긍정 #자존감

Part 3 몸

나는 털이 싫어요!   79
#털 #겨드랑이 #음모 #제모 #왁싱 #탈코르셋

왜 성교육 책마다 음순은 다르게 생긴 거야?   84
#몸 #생식기 #성교육책 #자기몸긍정 #집에서성교육하기

☕ 성교육 TIP : 집에서 성교육 하기   88

엄마가 성교육 하러 학교에 오면 안 돼?   90
#학교성교육

좀, 들어오지 말라고!   94
#노출 #목욕에티켓 #속옷 #배려

나는 초경이 기다려지는데 친구들은 생리가 싫대   99
#생리 #초경 #초경파티 #생리통

그래도 이 브래지어 사 주면 좋겠다   108
#속옷 #브래지어 #가슴사이즈 #메리야스

이것도 생리대야? 뭐가 이렇게 많아?   112
#입는생리대 #면생리대 #생리팬티 #생리컵 #유기농생리대 #탐폰

엄마, 나도 몽정 파티 해 줄 거야?   116
#몽정 #자위 #몽정파티

성교육 TIP : 몽정   121

고추가 꼭 커져야 해?   123
#발기 #남자아이의몸 #양육자의호기심

엄마는 왜 자꾸 불편하냐고 물어봐?   126
#자위 #영유아자위 #2차자위

나도 고래 잡으러 가야 해?   130
#포경수술 #포피 #자연포경 #진성포경

엄마, 아래가 간지러워   134
#생식기가려움 #생식기세정 #여성청결제

Part 4 임신과 출산

여긴 엄마들만 오는 곳이지?   139
#산부인과 #여성건강의학과

정말 엄마 아빠도 해?   142
#성관계 #부부 #사랑 #책임 #가족

엄마, 나 낳을 때 얼마나 아팠어?   151
#출산 #임신부체험 #공감력

이거 좀 이상해. 왜 가지고 있는 거야?   155
#탯줄 #입덧 #출산 #가족

엄마, 우리 반 쌍둥이는 얼굴이 달라   159
#쌍둥이 #일란성쌍둥이 #이란성쌍둥이 #난임 #시험관시술 #유전

☕ 성교육 TIP : 쌍둥이 출생률   163

정자은행이 뭐야? 거기서 어떻게 아이를 키워?   165
#정자은행 #난자은행 #자발적미혼모 #비혼주의

Part 5 존중·동의·자기 결정권

엄마는 머리 자르지 마. 긴 머리가 더 예뻐   171
#존중 #배려 #사랑 #인간관계

왜 생일 때마다 뽀뽀하고 찍은 사진이 있는 거지?   175
#사진 #뽀뽀 #스킨십 #동의 #성적자기결정권 #거절

내가 싫다는데 선생님은 왜 자꾸 먹으라고 하는 거예요?   180
#존중 #자기표현 #감정표현 #자존감

신호등 노래를 들으면 엄마가 생각나!   187
#신호등 #노란불 #성폭력예방교육

엄마는 세상에서 누가 제일 좋아?   192
#부부간의존중 #부모자식간의존중 #평등

장고가 뭔지 알아?   196
#연애 #장난고백 #이성교제 #키스신 #베드신

성교육 TIP : 초등학생의 스킨십과 이성 교제   202

엄마, 초등학교 3학년이 뽀뽀해도 돼?   206
#스킨십 #뽀뽀 #책임 #가치관

내 사진 지워 줘. 별로야   210
#사진 #불법촬영 #SNS #배포 #유포 #동의

Part 6 폭력

너 나 좋아하냐?   217
#놀이 #장난 #학교폭력

엄마, 성폭력이 뭐야? 223
#성폭력 #성폭행 #2차가해

일곱 살도 성폭력을 저질러? 228
#성폭력 #사과 #학폭위 #강제전학 #가해자 #피해자

우리 반 친구가 동생이 오줌 싸는 모습을 찍어서 보냈어 234
#디지털성범죄 #불법촬영 #카메라 #유포 #몰카 #SNS

야동은 야구 동영상 아니었어? 238
#야동 #동영상 #음란물 #피해촬영물 #야툰

카톡, 아직 필요 없어! 244
#키즈폰 #스마트폰 #카톡 #오픈채팅 #사이버폭력 #SNS중독 #스마트폰사용규칙

☕ 성교육 TIP : 아이에게 스마트폰을 사 주기 전 주의 사항 251

엄마는 내 폰 검사 안 해? 254
#데이트폭력 #간섭 #통제 #스토킹 #동의 #거절 #존중

그 얘길 왜 지금 하는 거야? 258
#양육자 #부모교육 #믿음 #신뢰 #용기

널 믿어. 엄만 네 편이야 262
#가족 #사랑 #믿음 #신뢰

등장인물

나

성교육 전문 강사,
해인이와 미르의 엄마

해 인 (태명)

군인이 꿈인 초등학교 6학년 여자아이.
올 여름, 첫 생리를 시작했다.

미 르 (태명)

요리사가 꿈인 초등학교 4학년 남자아이.
치킨 파티가 있을
첫 몽정을 기다리는 중이다.

Part 1

성 역할

나는 이제 분홍색이 싫어!

#분홍색 #파란색 #고정관념 #취향존중

새 학기를 맞이해서 바람도 쐬고 새 옷도 사기 위해 백화점에 갔습니다. 그런데 한 아동 매장에서 신중하게 티셔츠를 고르던 미르가 이렇게 중얼거리는 거예요.

"여자는 분홍색, 남자는 파란색, 그러니까 나도 파란색……."

"미르야, 그런 게 어딨어. 여자는 분홍색이라니. 엄마는 분홍색 안 좋아해. 해인아, 너는 분홍색 좋아?"

"난 분홍색 진짜 싫어. 나는 검은색이 좋아."

"뭐? 엄마는 네가 너무 까만색 옷만 입는 것도 별론데……."

"엄마, 봐 봐. 어린아이의 옷일수록 여자는 분홍색, 남자는 파란색 옷이 많잖아."

"어, 그렇네. 엄마도 발견 못 한 걸 해인이는 백화점을 둘러보며 알았구나?"

"근데 봐 봐, 엄마. 고학년 옷들은 대부분 검은색이지?"

"엄마, 누나 검은색 옷 사고 싶어서 그러는 거야. 넘어가지 마."

"아니야, 엄마. 진짜 우리 학년에서는 검은색이 유행이야. 난 검은색이 좋아."

"엄만 위아래 모두 검은색은 별로야. 사진을 찍어도 예쁘게 안 나오고······."

"그럼 다른 색으로 몇 가지 더 골라 볼게. 엄마도 봐 줘."

고학년만 되어도 검은색 옷을 선호하는 아이들이 급격히 늘어납니다. 여러분이 보기엔 어떤가요? 저는 아이들이 위도 검은색, 아래도 검은색 옷을 입는 것은 왠지 아이들의 발랄함까지 어둡게 만드는 것 같아서 가급적이면 밝은색 옷을 사 주고 싶습니다. 하지만 이건 제 희망 사항일 뿐, 아이들은 말을 잘 듣지 않습니다. 그래서 해인이와 미르에게는 "여행을 갈 때만이라도 밝은색 옷을 입자!"라고 제안합니다.

반면 저학년이나 영유아들의 경우, 여자아이 옷은 분홍색이, 남자아이 옷은 파란색이 많은 것이 사실입니다. 백화점에 나가 봐도, 심지어 내의조차도 그렇게 분류되어 있습니다. 다 그런 건 아니지만 화장실 표지판도 빨간색과 파란색으로 분류되어 있으니까요.

분홍색과 파란색은 어떻게 해서 여자와 남자를 상징하는 대표적인 고정관념이 되었을까요? 그리고 그것은 중요한 일일까요? 태아 때부터 여자아이는 분홍색으로 방을 꾸미고, 분홍색 내의를 준비하고, 분홍색 장난감을 준비하는 것. 또 성별에 따라 남자다움과 여자다움이 정해지는 것. 어쩌면 이것은 우리 사회가 끊임없이 아이들에게 고정관념을 학습시킨 결과입니다.

물론 자신이 선택할 수 있는 순간부터 분홍색을 좋아하고 파란색을 좋아하는 아이들도 있습니다. 하지만 이것이 학습이 아닌 전적으로 개인의 선호라는 증거를 찾기도 어렵습니다. 만화 속 세상에서도 뽀로로는 파란색, 루피는 분홍색, 아빠 상어는 힘이 세야 하고, 엄마 상어는 예뻐야 하기 때문이죠.

제 강의를 듣는 저학년 아이들에게 가족을 그리고 색칠하는 수업을 진행했습니다. 아이들은 누가 시키거나 가르치지 않았는데도 불구하고, 엄마는 분홍색으로, 아빠는 파란색으로, 자기는 자신의 성별 고정관념이 정해 놓은 색이나 노란색으로, 다른 형제들은 알록달록한 색으로 칠하더군요. 그 과정에서 다시 색을 칠하도록 아이들에게 준비해 주면서 이렇게 말했습니다.

"엄마는 무조건 분홍색으로 칠하지 말고, 엄마를 생각해 봐. 엄마는 어떤 옷을 제일 많이 입는지, 엄마가 좋아하는 색은 어떤 색인지 말이야. 또 아빠가 좋아하는 색은 어떤 색인지, 누나가 어떤 색을 좋아하는지, 동생은 어떤 색과 잘 어울리는지 생각해 보면 좋겠다."

그 후 어떤 결과가 나왔을까요? 대부분의 아이들이 부모님의 옷은 검은색이나 회색으로, 자신들의 옷은 파란색 계열(남녀 상관없이)로, 동생들은 알록달록하게, 손위 형제들은 자신이 싫어하는 색으로 칠했습니다.

파란색과 분홍색으로 나누어져 있는 세상은 얼핏 별문제 없어 보이지만 바꿔 나가야 하는 부분입니다. 아이들로 하여금 남자아이다움, 여자아이다움을 나누고, 자신이 할 수 있는 일과 할 수 없는 일에 대한 틀을 만들게 하기 때문입니다.

남자아이가 치마를 입고 싶다는 것, 남자아이가 머리를 기르고 싶다는 것, 남자아이가 발레를 하고 싶다는 것, 여자아이가 쇼트커트를 하고 싶다는 것, 여자아이가 치마를 입고 싶지 않다는 것, 여자아이가 축구를 하고 싶다는 것 모두를 자연스럽게 바라봐 줄 수 있는 사회가 되어야 합니다. 아이를 있는 그대로 바라봐 주고, 그 아이가 좋아하는 것을 인정해 주는 것부터가 성교육의 시작입니다.

설거지는 누나보고 하라고 해

#설거지 #집안일 #성평등 #역할분담 #가사노동

"해인아, 미르야. 엄마랑 아빠랑 둘 다 출근하니까 너희들이 먹은 그릇
은 설거지해 놓으면 좋겠다."

"엄마, 설거지 누나보고 하라고 해."

"각자 먹은 건 각자가 하는 거야."

"설거지는 누나가 잘해. 그리고 난 남자잖아."

"누나는 너보다 두 살 많으니까 몇 번 더 해 봤으니 잘할 수는 있어. 근
데, 네가 남자인 거랑 설거지는 무슨 상관이야?"

"그냥 난 남자니까 설거지는 하기 싫어."

"아빠는 매번 하는데? 엄마가 밥하면 아빠가 설거지하고, 아빠가 밥하
면 엄마가 설거지하고. 아빠는 남자가 아니어서 하는 거야?"

"그런 건 아니지만……. 그냥 싫어!"

"그럼 밥도 먹지 마. 엄마도 밥하기 싫어."

"엄마~."

"왜! 엄마는 밥도 안 먹고 출근하는데, 너희들을 위해 밥은 해 놓고 가잖아. 그런데 엄마는 밥도 안 먹었는데 설거지도 나보고 하라고?"

"치, 알았어. 하면 되잖아."

남자의 역할과 여자의 역할을 나누어 가르친 적도 없고, 나름 집에서 남편은 요리도 하고 설거지도 잘한다고 생각했는데, 아이들은 어디선가 학습해 와서 성 역할을 구분합니다.

가끔 이런 역할 문제 때문에 남편과 투닥투닥 싸우는 모습을 의도적으로 아이들에게 보여 주기도 합니다. 우리 아이들은 조금 더 평등한 세상에 살게 하고 싶은 엄마의 마음이랄까요. 이 싸움의 원인은 남편은 스스로가 자신은 다른 집보다 집안일을 잘 도와준다고 생각하기 때문입니다. 이러니 제 분노 게이지가 올라갈 수밖에요. 남편 분들, 어떠신가요. 집안일, 잘 도와주고 계신가요?

집안일은 도와주는 것이 아니라, 함께 해야 하는 것입니다.

하루는 오전 강의가 지방에서 있어서 새벽에 출발해야 했답니다. 남편은 휴가였지만, 저는 그 전날 아이들이 먹고 갈 것도 챙기고, 학교 준비물도 챙겨 놓고, 해인이에게 당부도 해 놓고 집을 나섰습니다.

일을 마치고 집에 돌아와 보니 남편은 게임 중이었습니다. 강의 후에 출출했던 제가 먹을 것도 없었고, 아이들 픽업도, 아이들 저녁 준비도 제 몫이었습니다. 게다가 그날은 제 대학원 수업도 있던 날이라 수업 후 돌아와서는 녹초가 되어 쓰러져 잠들었습니다. 그리고 다음 날 아침, 남편은 회사 출근하는 것이 힘들다고 투정을 부리듯 이야기하더군요. 그 모습이 왜 그렇게 보기가 싫던지 소리를 꽥 질렀습니다.

"당신, 어제 내 일상을 봐. 나는 강의에, 아이들 밥에, 아이들 픽업에, 내 공부까지…… 나는 나도 챙겨야 하고, 아이들도 챙겨야 하고, 심지어 당신도 챙겨. 당신은 아침에 일어나서 일하고 돌아오면 내가 밥도 챙겨 주잖아. 우리의 일상이 너무 불공평하다고 생각하지 않아?"

"말을 하지. 그럼 도와줬을 텐데."

"도와주는 게 아니라, 그 정도는 알아서 해 줘야 하는 거야. 애들 학원이 어딘지도 당신이 알고 있어야 하고, 끝나는 시간도 알고 있어야 하고."

회사에서 받은 스트레스를 게임으로 풀려 했던 남편의 마음을 모르는 바가 아닙니다. 그래도 가정의 일은 가족 모두가 함께 해야 하고, 함께 관심을 가져야 하는 것입니다. 이렇게 한바탕하고 나면 남편도 살포시 달라집니다. 물론 해인이도 미르도 조금씩 달라집니다. 각자의 역할들을 찾는 것이죠. 하지만 습관이 들지 않으면 남편은 다시 가정일은 도와주는 것으로 여기고 전처럼 돌아가기 마련입니다. 그렇기 때문에 자기 역할을 스스로 할 수 있는 아이와 남편을 만들기 위해 얼마간 집안 분위기가 험악해지더라도 꾸준히 고충을 털어놓는 것도 제 역할인 것입니다.

미르는 오늘 제 책장에 있던 평등 그림책 읽기를 미션으로 받았습니다. 우리 아이들이 잘못된 성 역할에 갇히지 않고 자신의 역할을 할 수 있는 멋진 모습으로 자라길 기대합니다.

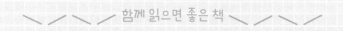
함께 읽으면 좋은 책

《평등한 나라》(요안나 올레흐, 풀빛): 에갈리타니아에 사는 곰들의 모습을 통해 진정한 평등이 무엇인지 생각해 보게 한다. 우리 안에 자리한 성 고정관념을 확인하고 차별과 편견을 깰 수 있도록 도와주는 그림책.

가사 노동의 어마어마한 가치

엄마가 가사에 전념하는 집의 아이들은 간혹 "우리 엄마는 집에서 놀아요!"라고 말하기도 합니다. 저는 그 표현이 올바르지 않다고 생각합니다. 통계청에서 발표한 자료에 따르면 1인당 연간 무급 가사 노동의 가치는 여성의 경우 1,380만 2,000원으로 남성보다 무려 859만 7,000원이 많습니다. 이는 가사 노동만 포함된 것으로 아이들을 픽업하는 것, 시가나 처가를 위해 노동하는 것들은 포함되지 않은 결과입니다. 그렇기 때문에 저는 여성의 가사 노동이 통계청에서 발표한 것 이상의 가치가 있다고 생각합니다.

그래서 아이들이 "우리 엄마는 집에서 놀아요!"라고 말하면 저는 다시 "엄마가 정말 집에서 놀아요? 엄마가 집에서 노는데, 여러분들은 누가 밥을 해 줘서 학교에 왔을까? 누가 학교까지 데려다줬을까? 집에 가면 누가 깨끗하게 정리 정돈을 해 놔서 기분 좋게 공부하고 놀 수 있을까? 다시 생각해 보세요"라고 이야기합니다. 그럼 아이들 중 일부가 "우리 엄마는 많이 바빠요"라고 말을 바꿉니다. 그러면 저는 다시 물어봅니다. "엄마가 정말 논다면 어떤 일이 벌어질까요?" 이번엔 일부가 아니라 모두가 입을 모아 말합니다. "엄마가 놀면 안 돼요"라고 말입니다.

아이들만 이렇게 생각하는 것이 아닙니다. 엄마들 스스로도, 가사 노동은 눈에 보이지 않고 실제로 돈을 받지 않았기 때문에 노동이 아니라고 생각하는 경우가 많습니다. 스스로 자존감을 낮추면서 말이죠. 하지만 가만히 생각해 보세요. 내가 가사 노동을 하지 않고, 가사도우미, 학원도우미 등을 쓰면 얼마나 비용이 들지 말입니다. 그분들보다 더 사랑으로 내 집을 가꾸고, 내 아이를 돌보고 있지 않나요? 가사 노동의 가치를 낮추지 마세요.

이 화장실은 남자랑 여자랑 같이 들어가?

#성평등화장실 #차별

제주 여행 중 해녀에 관한 연극을 보다가 중간에 극장 화장실에 다녀온 미르가 놀란 듯한 목소리로 말했습니다.

"엄마, 여긴 화장실이 좀 특이해."

"뭐가?"

"남자랑 여자가 같이 들어가."

"그래서 불편했어?"

"아니, 안 불편했어. 상가 같은 데서 남자랑 여자랑 같이 들어가면 좀 불편했거든. 내가 바지 내리고 소변 보는 걸 다른 사람이 보는 것도 좀 그랬고. 근데 여기는 안 불편해."

"궁금하네. 엄마도 가 봐야겠다."

All GENDER
RESTROOM

성평등 화장실! 어떤 느낌일지 궁금해하며 가는 도중에 제가 좋아하는 강사님께서 강의 중에 하신 말씀이 생각났습니다.

"가정에 있는 화장실이 성평등 화장실이죠. 아빠도, 엄마도, 할머니도, 아들도, 딸도 모두 다 사용하잖아요. 상가에 있는 화장실은 성평등 화장실이라고 하기 좀 어렵습니다. 성폭력이 일어나기 딱 좋은 환경이니까요. 그런 화장실은 왠지 누군가와 함께 가야할 것 같죠. 남자들도 소변 누기 불안하고, 남자가 화장실 안에 있으면 여자들도 남자가 나올 때까지 기다리게 되고요. 여자들은 볼일 보다가 누가 들어오는 소리가 나면 혹시 촬영이라도 당할까 봐두리번거리잖아요."

과연, 미르가 말해서 가 본 성평등 화장실은 집 화장실 같았습니다. 두 칸으로 나뉘어 있지만 좁지 않았고, 다 같이 줄을 서서 기다려도 하나 이상하지 않을 만큼 불안감이 없었습니다. 남자용, 여자용을 한 칸씩 나눠 놓으면 여자들의 경우 화장실 이용에 드는 물리적인 시간이 더 걸리기 때문에 여자가 훨씬 더 오래 기다려야 합니다. 그러나 이곳은 누구든 한 줄을 서서 이용하니 기다리는 시간이 줄어들지요. 또한 남자 소변기 대신 양변기로 되어 있었으며, 매우 깨끗한 환경이었기에 안전해 보였습니다. 작은 가정집의 화장실 같았달까요.

또 화장실 표지판도 남자는 파란색에 바지를 입은 표식으로, 여자는 빨간색에 치마를 입고 있는 표식으로 성별 고정관념을 심어주는 경우가 많은데, 성평등 화장실은 남녀 표식이 모두 하얀색으로 되어 있어 성별에 구애받지 않는다는 것도 참신했습니다.

이날의 경험은 아이들에게도 제게도 매우 새로웠습니다. 앞으로 성평등 화장실이 더 많이 생긴다면 세상도 고정된 성 역할 관념으로부터 조금 더 바뀌지 않을까요?

여자는 치마? 나는 추리닝이 편해

#옷 #치마 # 바지 #여자아이옷 #남자아이옷 #화장 #외모

"해인아, 오늘 정하 돌잔치인데 뭐 입을래?"

"아, 뭐 입지……?"

"이거, 이모가 준 치마 어때?"

"엄마, 치마 너무 불편한데……."

"그냥 행사니까, 치마가 어떨까 하는 게 엄마 생각이야. 아니면 네가 골라 봐."

"이 옷도 마음에 안 들고, 저 옷도 마음에 안 드네. 엄마, 편하게 추리닝 입으면 안 되겠지?"

"응, 그건 좀 아닌 것 같아. 네가 학교를 가거나, 운동을 가는 거라면 상관없겠지만, 오늘은 집안 행사니까 예의 있는 옷차림이 좋을 거 같은데?"

"예의가 옷차림에서 나오는 건 아닌데……."

"물론 그렇긴 하지만, 어른들도 계시고 또 다들 모인 자리에서는 그래도 깔끔하게 입는 게 좋지 않을까?"

"응, 오늘은 이 치마 입을게. 근데 이거, 다음에 다른 사람 줘. 난 하루면 됐어."

"해인아, 청바지에 티셔츠 입어도 돼. 단정하면 되니까."

"이 옷, 한 번도 안 입었으니까 오늘 한번 입어 보지 뭐."

학년이 올라갈수록 해인이 옷장은 캐주얼한 복장으로 가득 차는 중입니다. 청바지보다 레깅스, 남방보다는 티셔츠를 선호합니다. 미르도 마찬가지입니다. 남방보다 티셔츠, 면바지보다 추리닝이죠. 어느샌가 아이들은 예쁘게 입기보다 편하게 입는 걸 좋아합니다. 구두가 가득했던 해인이의 신발장은 검은색 운동화가 쭉 자리 잡고 있고, 여러 신발을 돌려 신으며 멋을 부리던 미르도 매일 신는 운동화가 정해져 있습니다.

보는 엄마 속은 답답하지만, 아이들 입장에서는 그게 자신의 개성이고 자신의 멋입니다. 6학년 아이들이 저보다 화장을 잘하고,

틴트에 아이라인에 파우더까지 하고 다니는 아이들을 보고 있노라면 '우리 해인이는 저렇게 하지 않네. 혹시 다른 아이들처럼 해야 하는 건 아닐까?'라는 생각이 들어 "너도 틴트 사 줄까?" 하고 물어보게 됩니다. 그럼 해인이는 이렇게 대답합니다. "엄마, 로션 바르는 것도 귀찮아요. 내가 하고 싶으면 이야기할게."

아이 말이 맞습니다. 로션에 선크림도 잘 안 바르는 녀석에게 갑자기 화장품이 웬 말인가요. 추리닝으로 옷장이 가득 찬 녀석에게 치마가 어울리기나 할까요. 저도 모르게 '여자아이'니까 이랬으면 좋겠다, '남자아이'니까 이랬으면 좋겠다는 마음이 있었나 봅니다. 아이들이 꾸밈 노동을 하지 않기를 바라면서도, 너무 관심이 없는 아이에게 한번 찔러 본 것이죠.

우리 집과 반대인 집도 주변에 많습니다. 여자아이, 남자아이 할 것 없이 매일 아침 학교 가기 전 옷차림과 머리 스타일 매만지는 일과 얼굴 화장에 몰두하거나 엄마가 사 오는 옷은 촌스럽다며 자기들끼리 옷 가게를 다녀오고 싶어 하는 아이들도 있습니다. 그 아이들의 엄마들도 나름의 고충이 많을 것입니다.

꾸미는 아이든, 꾸미지 않는 아이든 양육자의 바람이나 기대를 걷어 내고 우리 아이들 각자의 꾸밈 스타일을 인정해 주는 것은 어떨까요? 우리 아이들이 자기가 좋아하는 대로 편하게 입고 꾸미며 자랄 수 있도록 말입니다.

치마를 입기 싫어하는 아이에게 치마를 입히고는 다리 벌리고 앉지 말라는 둥, 속옷 보인다는 둥 잔소리로 중무장하고 있다면, 치마 입히기를 포기하고 편하게 바지를 입히는 쪽이 아이를 위하는 방법일 것입니다. 우리 눈에는 그저 예쁜 내 아이의 맨얼굴이지만, 그 얼굴에 화장품을 발라 꾸미고 싶은 게 아이의 욕구라면 인정해 주세요. 다만, 누군가를 위한 꾸밈 노동은 아니어야겠죠. 다른 사람에게 잘 보이기 위한 것이 아니라, 아이가 편하고 즐겁기 위해 그런 것이라면 우리 양육자들도 함께 즐거워해 주면 좋겠습니다. 우리도 그랬던 시절이 있지 않았나요?

여자애라고 글씨를 꼭 잘 써야 하는 거야?

#성고정관념 #성차별 #글씨 #임금차이

학교에 다녀오자마자 해인이가 투덜대며 짜증을 냈습니다.

"엄마, 나 완전 짜증 나."

"왜?"

"우리 반에 승현이 알지?"

"응, 알지. 장난꾸러기 승현이."

"걔가 오늘 나 글 쓰는 거 보더니, 넌 여자애가 글씨가 왜 그래? 이러
는 거야."

"그래서?"

"너나 잘하라고 소리를 빽 질러 줬어."

"너, 승현이 싫어해서 더 짜증 난 거 아니야?"

"아니, 엄마, 걔는 나보다 글씨 더 못 써. 근데 나보고 여자니까 잘 써

야 한다니…… 그게 말이 돼? 여자는 글씨를 꼭 잘 써야 하는 거야?"

"엄마는 그렇게 생각하지 않아. 여자, 남자를 떠나 누구든 글씨를 잘 썼으면 좋겠어. 이것 봐. 해인이도 미르도 이게 3자인지 8자인지 못 알아보게 쓰잖아. 수학 문제에서 글씨를 제대로 안 써서 틀린 적도 있잖아."

"으……응."

"남자든 여자든 글씨를 알아볼 수 있게 예쁘게, 띄어쓰기 잘해서 쓰면 좋겠어."

"하긴 엄마는 나한테도 미르한테도 매번 글씨 좀 잘 쓰라고 하지."

"다른 것들도 마찬가지야. 남자가 잘해야 하는 것, 여자가 잘해야 하는

것은 따로 없어. 대부분 똑같다고 생각해. 그리고 엄마가 자신 있게 말하는데, 엄마가 우리 집에서 글씨 제일 예쁘게 써!"

"엄마, 그건 인정!!"

해인이의 5학년은 왜 그랬는지 모르겠지만, 편견과 싸우는 한 해였습니다. 여자는 글씨를 예쁘게 써야 한다는 것뿐 아니라, 여자는 깨끗해야 하는데 넌 왜 이렇게 지저분하냐, 여자는 보통 힘이 약한데 너는 왜 이렇게 힘이 세냐는 말까지 듣곤 했지요. 이런 일들로 거의 일주일에 한두 번씩 남자아이들과 싸웠습니다. 싸우는 남자아이들의 이름도 몇 명이 돌아가며 나오는 걸로 봤을 때, 성별 고정관념이 공고하게 자리 잡은 친구들이 분명히 있는 것 같았습니다.

그래서인지 해인이의 장래 희망은 '직업 군인'입니다. 가장 편견을 깰 수 있는 직업 같다나요? 엄마 입장에서 해인이와 매우 잘 어울리는 장래 희망이라고 생각합니다. 규칙적인 것을 좋아하고, 운동을 좋아하는 아이거든요. 한편 그 조직 안에 자리한 많은 차별과 편견과 직접 싸워야 한다고 생각하면 부모로서 좀 속상하기도 합니다. 하지만 해인이가 커서 직업을 가질 즈음엔 환경이 많이 달라져 있지 않을까요? 해인이가 살아갈 미래는 지금보다 조금은 나아지지 않을까요?

얼마 전 수업을 할 때였습니다. 평등에 관한 주제로 남자와 여자의 임금 차이를 이야기하고 있는데, 한 여자아이가 말했습니다.

"선생님, 당연한 거 아닌가요?"
"응? 뭐가 당연해?"
"여자가 남자보다 일을 못하니까요."
"아니. 경력을 가지고 있는 사람이 아니라, 학교도 전공도 같은 신입 사원인데, 일을 잘하는지 못하는지 어떻게 알 수 있지?"
"어쨌든 여자가 사회생활을 더 못한다고 들었어요. 그러니까 여자들은 임금을 적게 줘야 해요."
"여자가 사회생활을 못한다는 것은 어디서 나온 말일까?"
"군대도 안 가고 통솔력도 부족하고······."
"군대는 여자들이 안 가고 싶어서 안 가는 게 아니야. 또 그걸 여자들이 결정한 것도 아니고, 쌤은 쌤의 남자 친구들보다 통솔력이 좋다고 생각하는데?"

아이는 제 말이 답답한지 한숨을 푹 쉬었습니다. 한숨이 나오기는 저 역시 마찬가지였습니다. 이런 편견은 어디서, 어떻게 생겨

난 것일까요?

그 아이도 본래부터 이런 생각을 가졌던 것은 아닐 것입니다. 뉴스를 보거나 드라마를 보는 등 아이와 함께하는 자리에서 어른들이 이런 이야기들을 한 것은 아닐까요? 어쩌면 무의식중에 별 뜻 없이 한 말이었는지도 모릅니다. 하지만 우리 아이들은 어른들의 그런 말들을 스펀지처럼 흡수해서 가치관으로 형성할 수 있다는 사실을 꼭 기억해야 합니다.

해인이와 미르가 가끔 저에게 물어봅니다. "엄마는 왜 성교육 강사를 하는 거야?" 그럴 때마다 저는 너희가 엄마보다 조금은 나은 세상에서 살길 바라는 마음에서 이 일을 한다는 이야기를 자주 합니다. 물론 그 말은 진심이죠.

몸에 대한 강의부터 폭력에 관한 강의까지 평등에 기반을 두고 세상과 주변을 바라보기 위해 오늘도 저는 노력합니다. 아이들을 비난하고 질책하는 것이 아니라 인정하고 함께하는 강의를 만들고 싶습니다. 아직도 우리 아이들은 편견에 맞서 싸워야 하는 시대를 살고 있는지도 모릅니다. 그래도 서로 배우고 노력한다면 10년 뒤에는 달라진 세상이 될 것이라고 믿어 의심치 않습니다.

왜 책에는 남자는 울면 안 된다고 나와 있어?

#남자다움 #눈물 #감정표현

책을 읽고 있던 미르가 거실로 나오더니 물었습니다.

"엄마, 많은 남자아이들이 울면 안 된다는 이야기를 들어?"

"왜?"

"이 책에 보면 남자는 평생에 딱 세 번만 울 수 있었대. 태어났을 때,
부모님이 돌아가셨을 때, 나라를 잃었을 때."

"엄마 어릴 때 많은 어른들이 남자아이들에게 그런 말을 했지."

"근데 지금도 그런 말을 하는 사람들이 있어?"

"뭐, 있기는 있겠지만, 엄마가 네 나이 때만큼은 없을 거야."

"엄마는 나한테 남자는 울면 안 된다고 이야기한 적 없어."

"그래, 맞아. 남자도 좋을 땐 울 수 있고, 기쁠 때도 울 수 있고, 화날 때
도 울 수 있어. 자신의 감정을 잘 들여다보고, 내가 왜 우는지를 아는
것이 중요한 거야."

"근데 엄마, 그것도 좀 어려워. 여러 가지 감정이 한꺼번에 들 때, 엄마가 나에게 우는 이유를 물어보면 대답하기가 참 어려워."

"미르야, 그래서 네 감정을 잘 들여다볼 수 있는 것이 중요해."

"그리고 엄마는 이렇게 자주 말해. 밖에서는 울지 말라고."

"맞아. 그건 너뿐만이 아니라, 해인이 누나한테도 자주 하잖아."

"근데 왜 밖에서 울지 말라고 하는 거야?"

"미르나 해인이는 집에서 언제든지 울 수 있어. 그렇지?"

"응."

"그런데 특히 우리 미르는 감정이 풍부해서 누나보다 훨씬 더 자주 울잖아."

"엄마~ 그 정도는 아니야."

"이번 주 동안 있었던 일을 잘 생각해 봐. 뭐가 억울해도 울고, 속상해도 울고, 엄마가 놀려도 울고……. 그런데 밖에서 집에서처럼 그렇게 울면 친구들이 당황할 수 있지 않을까? 엄마는 네가 울면 기다려 줄 수 있고, 그럴 시간도 있어. 그렇지만 친구들은 그런 준비가 되어 있지 않을 수도 있어서 밖에서는 말로 표현했으면 좋겠어."

"그래서 나 밖에서는 안 울어."

"밖이라고 해도 진짜 너무 화나거나, 속상할 때는 울어도 돼. 하지만 너무 자주 우는 건 곤란할 것 같아."

"남자는 파란색이지." "남자는 태권도지." "남자는 축구지." 자기가 좋아하는 것에 입버릇처럼 '남자는'을 붙이다가 어느 날 미르는 제게 한 소리를 들었습니다. "엄마도 파란색 좋아해." "태권도장은 여자 친구도 다녀." "엄마도 축구 배우고 싶어."

그 뒤로는 '남자는'이라는 전제 조건을 붙이지 않습니다. 그런데 책에서 자신은 자유롭게 하는 감정 표현을 다른 친구가 했을 때 놀리는 장면이 이해가 가지 않았던 모양입니다.

아이들은 자신의 모습 그대로를 사랑하고, 감정을 솔직하게 표현할 때가 가장 멋지다는 것을 알아야 합니다. 그 안에서 나다운 모습을 찾아가는 것 또한 중요합니다.

'강해야 한다'는 의미는 단순히 신체적인 힘을 의미하는 것이 아닌 내면의 강인함도 가리키는 것임을 세상 모든 남자아이들이 알게 되기를 바랍니다. 남자아이니까, 여자아이니까 당연한 것은 없습니다. 우리 아이니까, 우리 아이다운 모습만이 있을 뿐입니다.

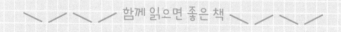

함께 읽으면 좋은 책

《너에게 말해 주고 싶어 – 남자아이들에게》(프랭크 머피, 그린북): 세상의 모든 소년들에게 들려주는 친절과 용기, 힘과 지혜에 관한 이야기. 남자아이들이 읽으면 좋은 그림책.

Part 2

성인지 감수성

우린 왜 친할머니, 외할머니라고 안 불러?

#언어 #호칭 #가부장제 #친할머니 #외할머니

주말에 일하는 아빠를 빼고, 아이들과 여행을 가는 길이었습니다.

"엄마, 우린 왜 친할머니, 외할머니라고 안 불러?"

"해인아, 그게 왜 갑자기 궁금했어?"

"요즘 학교에서 가족과 호칭, 가계도 같은 걸 배우거든? 책에 아빠의 엄마는 친할머니라고 부르고, 엄마의 엄마는 외할머니라고 부른다고 나와 있거든. 엄마도 가끔 친할머니, 외할머니라고 하잖아. 그러면 우리도 그렇게 불러야 하는 건가 해서."

"너희는 뭐라고 부르지?"

"우리는 친할머니 대신 '멀리멀리 할머니', 외할머니 대신 '7단지 할머니'라고 부르지."

"해인아, 그건 엄마가 정한 게 아닌데? 너희들이 4시간 가까이 차를 타고 가야 하니까 할머니네는 진짜 멀다는 의미로 멀리멀리 할머니라고 부른 거고, 같은 동네에 사는데 단지만 다르다고 미르가 7단지 할머니라고 부른 거야. 그리고 너희가 그렇게 부르니까 엄마 아빠도 그렇게 부르게 된 거고."

"그럼 우리도 친할머니, 외할머니라고 부를까? 멀리멀리 할머니, 7단지 할머니라고 부르니까 우리가 아기 같다는 느낌이 들어."

"그렇게 부르고 싶어? 그럼 그 의미를 먼저 알아보는게 좋을 것 같아. 친할머니의 '친(親)'은 '친할 친', '가까울 친'을 사용해. 그리고 외할머니의 '외(外)'는 '바깥 외'를 사용해. 그럼 우리의 경우엔 어떻게 될까?"

"7단지 할머니가 친할머니고, 멀리멀리 할머니가 외할머니지."

"그런데 사람들은 반대로 부르잖아. 그 이유는 우리나라의 가부장제 때문으로 알려져 있어. 해인아, 넌 어떻게 부르고 싶어?"
"몰라. 난 그냥 할머니가 좋아."

여러분은 어떻게 생각하시나요? 단순한 호칭의 문제라고 생각하시나요? 아니면 시대에 뒤떨어진 표현이라고 생각하시나요? 어떤 분들은 이런 호칭 문제로 남편과 싸우고 싶지 않다는 분도 계실 테고, 어떤 분들은 가부장적인 관념에서 생긴 표현이니 바꾸어야 한다고 생각할 수도 있을 것 같습니다.

언어는 그 사회를 반영함과 동시에, 그 사람의 가치관도 반영합니다. 그렇기 때문에 저는 두 분 모두를 그냥 할머니라고 부르는 게 맞다고 생각합니다. 그러는 한편 저 역시 오랜 시간을 그렇게 살아왔기 때문에 저도 모르게 가끔 친할머니, 외할머니 호칭이 튀어나오기도 한답니다.

저는 아이들이 어떠한 사실과 현상에 궁금증을 갖고, 그 궁금증

을 양육자에게 물어봤을 때, 양육자가 사실에 근거하여 대답을 해
주면, 그것을 통해 아이들이 자신이 어떠한 가치관을 가질지 스스
로 선택할 수 있다고 생각합니다.

　여기서 포인트는 아이들이 자신들의 궁금증을 양육자와 함께
나눌 수 있는 환경이나 여건이 되어 있는가 하는 점입니다. 사춘
기를 이유로 우리 아이들은 양육자들과 멀어지고 있는 경우가 많
거든요. 또는 양육자들이 아이들로부터 어떤 이야기를 들으면 그
에 대해 공감하기보다는 충고와 조언을 더 많이 해서, 아이들이
피하는 경우도 많습니다. 만약 양육자가 잘 들어 주지 못한다면,
아이 주변에 이야기를 잘 들어 줄 수 있는 어른이 있는가도 중요
합니다. 삼촌, 이모, 선생님 등 누구라도 상관없습니다.

　아이가 물어보더라도 양육자가 그에 대해 잘 모르는 경우도 있
습니다. 그럴 땐 창피해하지 마시고 솔직하게 이야기하세요. "우
아! 네가 이런 질문을 하다니 아빠가 정말 놀랍다. 그런데 아빠가
이게 어디서 유래가 된 것인지, 어떤 의미가 있는지 잘 몰라. 아빠
가 금방 알아보고 우리 함께 이야기를 해 보는 게 좋을 것 같아"
라고 말입니다. 잘 모르는 것을 인정하는 모습에서도 아이들은 분
명 배우는 것이 있답니다.

　또 아이들과 이야기를 나눌 때는 양육자의 생각을 강요하기보
다는 아이들의 의견에 귀를 기울이고 수렴해 나가는 과정이 꼭 필
요하다는 것을 잊지 마세요.

성인지 감수성이란?

아이들은 아주 작은 것에서부터 성에 대한 많은 부분을 학습하고, 본인의 가치관을 형성하게 됩니다. 가치관은 각 집안의 문화, 종교, 생활 등에 따라 다르기 때문에, 성교육 강사가 가르칠 수 없는 부분입니다. 그런 가치관 중 하나가 '성인지 감수성'입니다. 성인지 감수성이란, 일상생활 속에서의 성차별적 요소를 감지해 내는 민감성을 의미합니다. 그러나 성인지 감수성을 판단하는 기준은 모호하고 추상적인 경우가 많습니다.

예를 들면 흔히 양육자들은 남자아이들이 성에 관심이 많은 것이 자연스러운 일이라고 생각하는 경우가 많습니다. 그래서 많은 양육자들이 남자아이들이 소위 '야동'이라고 불리는 음란물을 보는 것을 성에 관한 호기심 내지 타고난 본성이라고 생각합니다. 이처럼 잘못된 고정관념은 자칫 성적인 농담, 신체 접촉, 불법 촬영물 등을 보는 행위를 단순히 성장 과정이라고 잘못 인식하게끔 만듭니다. 그리고 청소년기는 성별에 관계없이 성에 관한 호기심이 많이 증가하는 시기입니다. 즉, 여학생의 성에 관한 호기심도 자연스러운 성장 과정이므로 숨기거나 부끄러워할 일이 아닙니다.

양육자들이 오랜만에 본 아이들에게 '날씬해졌다', '예뻐졌다'라는 말을 인사말로 건네기도 하는데요. 우리의 몸은 평가 대상이 아님에도 이를 칭찬으로 포장하여 평가를 하고 있는 것입니다. 외모를 평가하거나 평가받는 것에 익숙해지게 되면, 다른 사람의 몸을 자신의 몸과 비교하게 됩니다. 또한 자신의 몸을 있는 그대로 받아들이기보다는 남의 시선으로 대상화시켜 바라보게 되어 자신의 몸을 평가하게 됩니다.

오늘도 아이들은 스마트폰을 통해 여성의 몸을 과장해서 만든 성적 이미지의 광고나 게임을 접했을 것입니다. 우리는 자극적이고 획일화된 이미지가 넘쳐 나는 세상을 아이들이 어떤 시각으로 바라볼 수 있도록 지도해야 할까요? 그 지점을 고민하는 것부터가 나의 성인지 감수성이 어떠한지 알 수 있는 시작이 될 것입니다.

왜 명절엔 멀리멀리 할머니네부터 가?

#명절 #귀성길 #명절스트레스

"엄마, 가연이네는 설에는 친할머니네를, 추석에는 외할머니네를 먼저 간대. 근데 왜 우리는 멀리멀리 할머니네부터 가?"

"음, 그건 7단지 할머니네는 가까우니까 평소에 자주 찾아갈 수 있고, 언제든 가서 밥도 먹을 수 있잖아. 그런데 멀리멀리 할머니 댁은 너무 멀어서 자주 찾아뵐질 못하잖아. 그래서 명절에라도 먼저 찾아뵙는 거야."

그랬더니 미르와 해인이가 앞다투어 질문을 하기 시작했습니다.

"엄마, 그럼 나는 나중에 결혼해서 내 아내의 집이 멀면 아내 부모님을 먼저 찾아가야 하는 거야?"

"나도 남편 부모님 집이 멀면 남편 부모님 집부터 가는 거야?"

앞서 말한 것처럼 성인지 감수성이란 일상 속에서 나타나는 성차별에 대한 민감성입니다. 즉, 성인지 감수성이 예민하다는 말은 우리가 당연하게 여기는 것이 실은 당연한 것이 아닐 수도 있음을 인지할 수 있는 능력이 있다는 말과 같습니다. '왜 꼭 남편 집에 먼저 가야 하지?'라고 생각하는 것처럼 말입니다. 우리가 당연하게 생각해 왔던 것이 나에게 맞지 않는 옷임을 알아차리고, 이것이 과연 맞는 것인지 끊임없이 스스로 질문하고, 내가 옳다고 믿는 것을 찾아나서는 것입니다. 해답을 원하는 해인이와 미르에게는 이렇게 결론을 내려 주었습니다.

"나중에 우린 추석이나 설 둘 중 하나만 정해서 만나자. 그건 너희들이 결혼을 하고, 양가 집안에서 서로 배려하고 약속을 해야 하는 문제야. 명절 때마다 우리 가족이 모두 모여야 한다고 정하는 것은 많이 부담스러운 일일 수 있어."
"우린 아직 멀리멀리 할머니네 먼저 갈 거지?"
"응, 해인아. 엄마 형제들은 명절 다음 날 만나기로 약속했거든."

저희 가족의 경우, 남편 본가에 먼저 가야 한다고 한 것은 누구의 생각이었을까요? 그저 관습을 따른 것일까요? 그렇지 않습니다. 가까운 거리에 살아 자주 찾아뵙는 친정보다는 먼 곳에 사셔서 자주 못 뵙는 시가를 먼저 가야 한다는 생각 때문에 내린 결정이었지요. 또한 친정 가족들과 시댁을 챙기는 올케의 배려가 아니었다면 저희 삼 남매는 이렇게 함께 명절을 보낼 수 없었을지도 모릅니다. 제 친정 부모님이 서운해하지 않으시고 시가에 먼저 가라고 배려해 주신 덕분도 있겠지요.

　최근에 강의를 하면서 수강생들의 이야기를 들어 보면, 해인이 친구네처럼 양가를 번갈아 가는 집도 있고, 명절에는 시가만 또는 친정만 가는 집도 있고, 저희 집처럼 시가를 먼저 다녀와서 친정을 가는 집도 있는 등 방문 방식이 매우 다양해졌다는 생각이 듭니다. 어떤 것이 옳고 그르다 판단할 수 있는 문제는 아닙니다. 그 집만의 문화가 있을 테니까요.

　그러나 한 번쯤은 우리 아이들은 명절을 어떻게 보내고 싶어 할지 생각해 보면 좋겠습니다. 그리고 우리 집의 명절 문화를 되돌아보세요. 우리 가족이 보내고 싶은 명절과 많은 차이가 있지는 않은가요? 저처럼 누군가의 배려가 있기에 행복한 명절이라면 그 사람들의 고마움을 다시금 느끼고 표현해 보는 건 어떨까요?

나는 엄마랑 성이 같으면 안 돼?

#성(姓) #호주제 #부성우선주의

해인이의 진짜 이름은 해인이가 태어난 해 가장 많은 이름 중 하나였습니다. 그래서인지 어린이집에 다니던 때부터 같은 반에 이름이 같은 친구가 꼭 한 명씩은 있었습니다. 해인이의 성은 '배'인데 우리가 흔하다고 생각하는 성은 아닙니다. 반면에 제 성은 우리나라에서 가장 많은 '김'이랍니다. 해인이는 이름에는 불만이 없었지만, 늘 성에 불만이 있었나 봅니다.

"엄마, 나는 엄마랑 성이 같으면 안 돼? 왜 꼭 아빠 성을 따라야 해?"

"응? 그게 뭔 소리래?"

"아니, 나는 이름은 마음에 드는데, 이름하고 성이 잘 안 어울리는 것 같아."

"갑자기?"

"아니, 오래전부터 생각했던 거야. 아빠는 이름하고 성하고 잘 어울리는데, 나는 좀 그래."

"성을 바꿀 수는 있지."

"엄마 성으로 바꿀 수 있어?"

"김해인이 될 수도 있고, 배김해인이나 김배해인이 될 수도 있어."

"김해인은 괜찮은데, 배김해인이나 김배해인은 좀 그렇다."

"뭐가 그래? 어차피 네가 싫어서 바꾸는 거라면 엄마 아빠 성을 다 따를 수도 있지."

"그럼 내가 배김해인인데 남편은 이정미르면 우리 아이는 배김이정 ○○이 되는 거야?"

"아…… 거기까지는 생각을 안 해 봤는데, 그렇게 되는 건가?"

"완전 이상해."

"만약 그렇다면 두 글자 성에서 엄마 아빠가 주고 싶은 성만 하나씩 따를 수도 있지 않을까?"

"그래?"

"실은 결혼을 하면 혼인 신고를 하거든. 그때 결정했던 것 같은데?"

"결혼하면서부터 우리의 성은 아빠 성을 따르기로 결정된 거야? 엄마 아빠 마음대로?"

"해인아, 미안. 실은 별로 생각해 보지 않았어. 그땐 아빠 성을 따르는 것이 당연하다고 생각했었거든. 지금은 아빠가 안 계시면 엄마의 성을 사용할 수 있어. 엄마가 좋아하는 선생님 중에는 아빠와 엄마의 성을 둘 다 쓰는 분도 계시고. 네가 말한 것을 잘 따져서 선택할 수 있으면 좋겠다."

"엄마, 근데 지금 생각해 보니까 나는 내가 갑자기 배해인에서 김해인 이 되는 건 이상하고 낯설 것 같아. 그런데 내 아이가 태어나면 아이가 내 성을 썼으면 할 수도 있을 것 같아."

"그래. 너희는 아빠 성을 따르는 것이 당연하지 않을 수도 있을 것 같아. 그리고 네 이야기를 들으니까 그 선택을 꼭 부모가 해야 하는 것도 좀 이상한 것 같아."

"내가 어른이 되면 세상이 좀 달라지면 좋겠네."

아이들 이름 앞에 어떤 성을 붙일까 하는 것은 한 번도 고민해 보지 않았던 문제였습니다. 당시에는 아이들의 성은 당연히 아빠의 성을 따르는 것이고, 엄마의 성을 따르는 사람은 못 봤다고만 생각해서 혼인 신고 할 때도 별로 고민하지 않았습니다. 하지만 세상에 당연한 것은 없는 것 같습니다. 세상이 바뀌어서 엄마의 성을 쓰는 아이들도, 부모의 성을 모두 쓰는 아이들도 늘어나고 있는 것을 보면 말입니다.

해인이의 말을 듣고 아이들에게도 선택권을 줄 수 있도록 해야 하나, 라는 생각을 잠깐 해 보았습니다. 물론 쉽지 않겠죠? 성을 바꾸고 싶다던 해인이도 갑자기 자신의 성이 바뀐다는 상상을 하고 나니, 다시 그 이야기를 안 하는 것을 보면 말입니다.

우리나라도 앞으로는 자녀의 성을 결정할 때 부모 협의하에 결정할 수 있는 방안이 마련된다고 합니다. (2022년 9월 현재, 부성 우선주의 원칙의 대안이 마련되지 않아 법 개정 작업은 2025년 이후로 늦춰질 것으로 보입니다.) 아버지의 성을 따르던 '부성원칙'이 사라지는 것이죠. 즉, 부부가 아이를 낳은 뒤 출생 신고를 할 때 누구의 성을 따를지 협의해서 결정할 수 있게 된 것입니다. 그런데 해인이의 의견을 들으니 아이의 의견도 들어 보고 결정할 수 있으면 좋겠다는 생각과 함께, 아이들의 의견을 들으려면 꽤 오랜 시간이 필요하니 법적으로 보면 혼란이 야기될 수 있겠다는 생각도 함께 들었습니다. 당장 크게 달라지는 것은 없지만 아이와 이런 이야기를 함께 할 수 있다는 것은 그 자체로 소중합니다. 어떤 선택이든 아이의 생각이 정리되어 결정을 내렸을 때, 그 결정을 지지해 줄 수 있다면 양육자로서 해야 하는 역할은 다한 것이 아닐까요?

호주제 폐지와 부성 우선주의 원칙

오래전 기억이지만, 할머니가 집에 오셔서 친정 엄마를 붙잡고 "아들을 꼭 낳아야 한다"라고 했던 것이 생각납니다. 제 일기장에도 엄마가 남동생을 낳던 날, 엄마가 꼭 아들을 낳게 해 달라는 기도를 하느님께서 들어주셨다고 기록되어 있거든요. 예전에는 이렇게 남아 선호 사상이 강했지요. 대를 물려줄 아들이 꼭 필요하다고요. 남자만이 호적의 기준이 되는 것, 그것이 바로 호주제입니다.

호주란 한 집안의 가장을 일컫는 말로, 남자만 자격이 있었지요. 할아버지에서 아버지, 아버지에서 큰아들, 그리고 큰손자까지 대가 이어지는 동안 어머니와 딸은 호주의 아래에 속해 있었습니다. 그랬던 호주제가 2008년 1월 1일부로 완전히 폐지되었습니다.

그럼에도 불구하고 우리나라의 경우 아직까지도 부성 우선주의 원칙을 도입하고 있어서, 자녀에게 모성을 주거나 성본을 변경하는 것이 어렵습니다. 결혼할 때부터 자녀 계획을 세우는 것이 아니니까 출생 신고를 할 때 어느 성을 따를지 자유롭게 선택하고 신고할 수 있어야 하는 것 아닐까요? 물론 나라마다 다르겠지만, 중국이나 독일, 프랑스 등의 나라에서는 출생 신고 때 엄마의 성을 선택할 수 있습니다. 특히 독일과 프랑스의 경우에는 부모의 성을 원하는 순서대로 조합한 성을 선택할 수도 있습니다.

이게 뭐라고 이렇게 깊이 파고드냐고요? 엄마 성을 쓰는 아이들을 생각해 보세요. '엄마와 아빠가 성이 같은가?'라고 생각할 수도 있지만, 자칫 재혼 가정이나, 한 부모 가정에 대해 차별과 편견을 가질 수도 있는 것이죠. 이혼 가정의 자녀가 어머니를 따라 살 경우에도, 아버지가 승낙하지 않거나 연락이 두절되면 성을 변경하는 것이 어렵습니다. 아버지 성을 따르는 것에 불편함이 따른다는 것도 증명해야 합니다.

나를 나타내는 것! 그것은 이름이면 되지 않을까요? 아버지의 성이든 어머니의 성이든 본인이 결정할 수 있는 날이 오길 바라봅니다.

여자가 여자를 좋아하는 사람도 있고,
남자가 남자를 좋아하는 사람도 있대

#성별정체성(젠더정체성) #청소년성소수자 #성적지향 #동성애 #트랜스젠더 #시스젠더

"엄마, 오늘 학교에서 좀 충격적인 걸 배웠어."

"뭔데 그렇게 충격적이야?"

"미르가 들어도 되나?"

"엄마가 있으니까 괜찮아. 뭔데?"

"세상에는 여자이면서 여자를 좋아하는 사람도 있고, 남자이면서 남자를 좋아하는 사람도 있대."

"그게 뭐가 충격적이야?"

"좀 이상하지 않아? 보통은 여자가 남자를 좋아하고, 남자가 여자를 좋아하잖아."

"누나, 근데 엄마가 지난번에 준 책에도 겉모습은 여자인데 자신을 남자라고 느끼는 사람도 있고, 겉모습은 남자인데 자신을 여자로 느끼는 사람도 있다고 했어."

"해인아, 미르야, 다 파란색이 좋다고 하는데 누군가는 빨간색이 좋다고 해. 그럼 이상한 거야?"

"아니. 근데 이건 좀 다르지 않아?"

"뭐가 달라? 나와 다르다고 해서 같은 성별을 가진 사람을 좋아하는 것이 이상한 건 아니지. 내가 여자의 겉모습을 하고 있고 여자라고 느끼는 것이 나에게는 당연하지만, 그렇지 않다고 해서 그 사람이 이상하거나 나쁜 건 아니잖아. 너희들이 다른 사람과 다르다고 해도 엄마는 너희를 지지하고 응원할 건데, 너희들은 어때? 어떤 친구가 나와 다른 생각을 하고 있다면 친구 안 할 거야?"

"나는 그 친구 의견을 존중할 거야."

"맞아. 그런 거야. 이상한 게 아니라 다른 거야."

아마도 학교 수업 시간에 동성애에 관해 이야기가 나왔었나 봅니다. 수업 시간이 아니더라도 트랜스젠더라는 단어를 어디선가 듣고 와서 미르가 먼저 물어본 적도 있지요. 텔레비전 광고에 나오는 나나 영롱 킴을 보고 그 사람은 남자인지 여자인지에 대해 관심을 가지며 이야기를 한 적도 있었답니다. 그때 사회에서 주어진 성별의 정의에서 벗어난 겉모습으로 자신을 꾸미는 사람인 '드랙drag'을 설명하면서 미르에게는 젠더 정체성을 다룬 책을 권해 주었습니다. 책을 읽고 나온 미르가 "엄마, 나는 시스젠더 남자가 맞지?"라고 이야기하는 것을 보고 웃었던 기억이 납니다.

시스젠더cisgender는 태어났을 때 출생증명서에 기록한 성별과 자신이 느끼는 성별이 일치하는 사람을 말합니다. 트랜스젠더 transgender는 반대의 개념입니다. 출생증명서에 남성이라고 기록되었지만 여성이라고 느끼는 것이죠. 그리고 좋아하는 상대도 이성일 수도 있지만 동성일 수도 있습니다. 우리는 흔히 이들을 레즈비언이나 게이라고 부르죠. 이 사람들은 이상한 것이 아니랍니다. 아픈 것은 더더욱 아니고요. 그냥 우리와 조금 다를 뿐이랍니다. 최근에는 드라마나 웹툰의 소재로도 많이 쓰이다 보니, 아이들은 동성을 좋아하는 것에 호기심을 갖기도 합니다. 그리고 아이들이 호기심을 가지는 것의 대부분은 그들의 스킨십입니다.

어느 고등학교에서 수업을 할 때 아이들이 동성애에 대해 물어본 적이 있었습니다. 그때 저는 이렇게 답했습니다.

"선생님은 솔직히 잘 몰라. 선생님 주변에 동성을 좋아하는 지인이 많지 않거든. 하지만 그건 알아. 동성이든 이성이든 누군가를 좋아하면 좋아하는 사람을 많이 아껴 줄 거라는 것. 함부로 대하지 않을 거라는 것. 그리고 그 사람이 정말 힘들 거라는 것. 동성을 좋아하고 사랑하는 일을 인정받기 힘든 세상에 살고 있으니까."

그 강의가 끝나고 한 친구가 제게 오더니 이렇게 말했습니다.

"선생님, 한 번만 안아 봐도 돼요? 이렇게 강의하신 분이 별로 없어서요. 감사해요."

말하지 않아도 알 수 있는 것들이 있습니다. 제가 그 강의에서 동성을 사랑하는 사람들을 아픈 사람들이라고 했다거나 무시하는 발언을 했다면 분명 상처받는 아이들이 있었을 겁니다. 물론 우리는 우리 아이들이 그저 평범하길 바랄 수도 있습니다. 그렇지만 평범하지 않다고 해서 그것이 잘못되거나 비정상인 것은 결코 아닙니다. 아직 다 성장하지 않아서 평범한 아이처럼 보이는 것일수도 있습니다.

성소수자 아이들도 다양한 아이들 중 하나라는 것, 옳고 그른 것이 아니라 선택의 문제라는 것, 내 아이가 소중한 것처럼 다른 아이의 사랑도 소중하다는 것을 잊지 말아야 합니다.

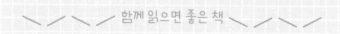
함께 읽으면 좋은 책

《나의 젠더 정체성은 무엇일까?》 (테레사 손, 보물창고): '젠더 정체성'의 개념을 알기 쉽게 풀어낸 책으로 자신의 성별을 스스로 어떻게 생각하는지에 대한 내용이 담겨 있다. 자기 자신으로 살아가는 일의 행복함을 알려 준다.

《내 이름은 샤이앤, 나는 트랜스젠더입니다》 (샤이앤, 꿈꾼문고): 성소수자들은 사회적 편견과 차별에서 안전하지 못하다. 하지만 그들의 삶도 우리와 다르지 않다는 것을 만화로 유쾌하게 들려주는 책.

유모차? 유아차?
바꾸어야 하는 말에는 또 뭐가 있어?

#성차별언어 #녹색양육자회 #저출생 #자궁 #몰카 #리벤지포르노

"엄마, 유모차라고 부르면 안 된대."

"응, 맞아. 유아차라고 불러야지."

"엄마, 알고 있었어? 왜 그런지도 알아?"

"해인아, 잊었나 본데 엄만 성평등에 관심이 많은 성교육 강사란다. 유모차는 어린아이를 태워 밀고 다니는 차인데 거기에 어미 모(母)가 들어가면 여자만 밀어야 할 것 같잖아. 아이는 엄마만 돌봐야 한다, 이런 의미처럼 보여."

"그럼 엄마, 그런 말에는 또 어떤 것이 있을까?"

"녹색어머니회."

"아, 그거 엄마들이 조끼 입고, 교통 깃발 흔드는 거? 그건 왜?"

"녹색의 의미도 모르겠고, 왜 그걸 엄마만 해? 우리 집은 아빠도 하잖아."

"그럼 녹색부모회라고 해야 하나?"

"아니. 녹색양육자회. 부모가 없는 아이들도 있을 테니까. 그리고 엄마는 여고를 나왔는데, 남자만 다니는 학교는 따로 남고라고 안 해. 여군도 마찬가지고. 그렇게 특정 단어 앞에 '여(女)'를 붙이는 건 빼는 게 맞는 것 같아."

"엄마, 신기하다. 난 군인이 되고 싶지, 여군이 되고 싶은 건 아니거든."

"맞아. 직업 군인이 되고 싶지, 여군이 되고 싶은 건 아니니까."

언어는 그 사회의 가치관을 반영합니다. 그렇기 때문에 중요합니다. 성평등에 관한 관심이 높아진 지금, 우리는 조금 더 언어에 관심을 가져야 합니다. 예를 들어, 처음 작품을 내면 '처녀작'이라고 하는 것도 '첫 작품'이라고 하는 것이 맞습니다. '저출산'이라는 표현도 인구 문제의 책임이 여성에게만 있는 것으로 오해하게 만드는 표현이므로 아기가 적게 태어난다는 의미를 담은 '저출생'으로 바꾸는 것이 맞습니다.

저는 제가 납득하지 못하는 부분은 아이들에게 양해를 구하기도 합니다. '자궁'이라는 표현은 아들 자(子)를 사용하기 때문에 아들을 품는 곳이라는 의미가 되므로, 세포를 품은 곳이라는 의미의 '포궁'을 사용하라고 권합니다. 하지만 아기가 정자와 난자가 결합한 세포에서 시작되었다고 해도 사실 세포를 품었다는 생각은 잘 들지 않습니다. 그래서 아이들과의 수업에서 저는 '자궁'이라는 표현을 그대로 쓰겠지만 아들 자(子)의 의미가 아닌, 사람 자(者)의 의미로 쓰겠다고 미리 이야기를 하고 수업을 시작한답니다. 사람을 품었다는 의미로 말이지요. 그것은 저의 가치관이니까요.

하지만 반드시 바꾸어 말해야 하는 것도 있습니다. 특히 디지털 성범죄와 관련이 있는 단어들은 더 주의해서 사용해야 합니다. 예를 들면, '몰카'는 수십 년 전에 방영되었던 프로그램 〈이경규의 몰래카메라〉를 연상시킵니다. 장난을 치는 것처럼 촬영하는 방식이었죠. 하지만 누군가에게 그건 '몰카'가 아니고 '불법 촬영물'입니다. 장난의 수준을 뛰어넘어 당사자의 허락을 받지 않고 촬영한 영상물 때문에 목숨을 끊는 피해자도 있으니까요.

'리벤지 포르노'도 마찬가지입니다. 말 그대로 해석하면 '복수 포르노'인데, 헤어진 연인에게 복수하겠다고 동의 없이 유포하는 성적인 사진이나 영상이죠. 이게 어떻게 포르노입니까? 배우가 촬영한 것도 아니고, 설령 과거에 연인이었던 상대방이 촬영에 동의를 했다고 하더라도 유포까지 동의한 것은 아니기 때문입니다. 그러므로 '디지털 성범죄', '디지털 성폭력'으로 이름을 바꿔야 합니다.

성폭력과 관련하여 '수치심'이라는 단어 또한 다시 한번 생각해 볼 필요가 있습니다. 누군가 지하철에서 엉덩이를 만졌다고 가정해 봅시다. 수치심이 느껴지나요? 저라면 수치심이 느껴지는 것이 아니라 화가 나서 폭발해 버리고 싶은 심정이었을 것입니다. 수치심은 '스스로를 부끄러워 느끼는 마음'입니다. 성폭력이나 디지털 성폭력을 당했을 때 피해자에게 수치심을 느꼈냐고 많이 물어봅니다. 수치심은 피해자가 느껴야 하는 감정이 아닙니다. 가해자가 느껴야 하는 감정입니다.

이처럼 당연하게 쓰는 말이지만 우리 집의 가치관을 담고 있는 말은 어떤 것이 있는지, 그리고 우리가 잘못 사용해 온 단어는 어떤 것이 있는지 생각해 보고 아이들과 함께 이야기를 나눠 본다면 좋은 성교육이 될 것입니다.

나는 잘생겼는데, 누나는 안 예뻐!

#외모비하 #자기긍정 #자존감

"엄마, 나는 잘생겼는데, 누나는 안 예쁘지?"

"뭐라고?"

"난 아무리 봐도 잘생겼어."

"엄마 눈엔 누나도 예뻐."

"아니야, 엄마. 미르 말처럼 난 예쁘지 않아."

"엥?"

"아이유 언니보다도 안 예쁘고, 제니 언니보다도 안 예뻐."

"그래서 불행해?"

"그냥 안 예쁜 게 싫어. 근데 미르도 별로긴 해."

"해인아, 연예인 김태희 씨 알아?"

"응."

"김태희 씨가 엄마보다 언니야."

"진짜? 엄마보다 좀 어려 보이시는데……."

"김태희 씨는 우리나라에서 제일 공부 잘하는 사람들만 간다는 서울대를 나왔어."

"오~~~."

"그리고 얼굴도 주먹만 해. 미르보다 몸무게도 적게 나갈걸? 게다가 남편이 비야. 내 남편은 그저 평범한 40대 아저씨인데……."

"큭큭큭큭큭큭."

"해인아, 그럼 엄만 불행해야 해? 김태희 씨랑 비교하면 얼굴도 별로야, 돈도 별로 없어. 학교도 그래. 남편도 평범해."

"불행하진 않지. 엄만 행복해 보여."

"맞아. 엄만 행복해. 엄마에겐 너희들이 있고, 내 편인 남편도 있어. 그리고 우린 늘 행복하기 위해 노력해. 그러니 외모를 가지고, 또 그 밖의 다른 것으로 비교하면 안 되는 것 아닐까?"

"응, 엄마 나도 알아. 할머니가 우리 해인이 예쁘네, 하시는 것도 사실 공감은 잘 안 가지만 할머니가 날 사랑해서 그러신다는 걸."

"미르야, 엄마 눈에는 너도 잘생겼고, 누나도 예뻐."

미르와 해인이와 나눈 대화에서 어디선가 들었던 말이 떠올랐습니다. 남자의 90퍼센트는 샤워를 하고 나서 자신의 모습을 보고 '오늘 나 멋진데?'라고 생각하고, 여자의 90퍼센트는 '오늘도 주름이 생겼네', '그새 뱃살이 늘었네'라고 생각한다는 말이요. 남자들은 자기 자신에 대한 만족도가 높은 반면, 여자들은 항상 부족하게 생각한다는 것을요. 그런데 잘 생각해 보면 외모를 평가하고, 순위를 매기고, 비교하고 상처받는 것은 어렸을 때부터 시작됩니다. 그러다가 사춘기 무렵인 5~6학년이 되면 조금 더 심해지기도 합니다. 그때가 되면 더는 엄마 아빠가 "우리 딸 예쁘다"라고 하는 말이 아이들에게 들리지 않는 것입니다.

그럼 어떻게 해야 할까요? 해인이에게 저는 "또박또박 책을 읽는 너의 목소리가 너무 듣기 좋다", "손가락이 너무 예뻐서 엄마 손가락과 바꾸고 싶다", "뭐든 노력하는 네가 정말 멋지다" 등 자기 긍정성을 높일 수 있는 말들을 많이 해 준답니다. 외모 비하가 시작되는 시기에 아이들의 자존감은 급격히 떨어집니다. '나는 할 수 없어', '나는 별로야'로 시작해서 부모에게 마음의 문을 닫고, 자신의 이야기를 들어 주는 친구랑만 소통합니다. 물론 현실의 친구들과 소통하는 것은 자연스러운 일입니다. 하지만 사이버상에서 자신의 이야기를 들어 주는 친구를 찾는다면 아이들은 누군가에게 그루밍grooming을 당할 수 있습니다. 그 누군가가 동갑일 수도 있지만, 조금 나이가 많을 수도, 어른일 수도 있습니다.

우리 아이가 스스로 자존감을 높일 수 있도록 긍정적인 이야기, 희망적인 이야기, "너는 잘할 수 있다"라는 이야기로 대화를 시작해 보세요. 우리 아이의 단점보다는 장점을, 남이 보아도 예쁜 곳들을 찾아보세요. 들여다보면 더 예쁘고, 더 사랑스러운 내 아이를 발견하게 될 거랍니다.

Part 3

몸

나는 털이 싫어요!

#털 #겨드랑이 #음모 #제모 #왁싱 #탈코르셋

샤워를 하고 방에서 옷을 갈아입고 있는 저를 보면서 해인이가
심각한 표정으로 말했습니다.

"엄마, 털은 언제 나?"

"털? 사춘기가 되면 조금씩 나지. 왜?"

"난 털이 너무 싫어."

"엥? 갑자기 왜?"

"그냥 좀 더러워 보여."

"그럼 엄마도 더러워 보여?"

"그건 아닌데……."

남자아이들에게는 거의 들어 본 적이 없는 털에 대한 고민을 해인이를 비롯한 많은 여자아이들은 하고 있다는 것을 알고 계신가요? 여자아이들은 5~6학년만 되어도 제모나 왁싱, 여성 전용 면도기에 대해 해박한 지식을 가지게 됩니다. 최근에는 남성들도 제모나 왁싱 등에 관심을 갖고 직접 하는 사람들도 늘고 있지만, 제가 20대이던 시절만 하더라도 제모나 왁싱은 여성들만의 고민이었습니다. 옛말에 '털이 많으면 미인'이라는 말도 있는데, 그것 역시 털이 많은 여성들을 위로하는 말처럼 느껴졌던 건 저만의 생각이었을까요?

해인이와 털에 관한 이야기를 나누면서 제 겨드랑이에 몇 안 남은 털을 보여 주었습니다.

"엄마도 20대 때 레이저로 제모를 했어. 그땐 다 그렇게 해야 하는 줄 알았어. 친구들도 엄마도 이모도 다 했거든. 당시엔 엄마도 해인이처럼 털이 지저분하다고 생각했던 것 같아. 제모는 한 번 해서 끝나는 것이 아니라서 여러 번 했지. 그래도 또 나더라고. 그런데 엄마는 이제 제모 안 할 거야. 예전만큼 신경이 안 쓰여. 엄마는 여름에도 민소매

티를 안 입고, 누구에게 겨드랑이를 번쩍번쩍 들어서 보여 줄 일도 없어. 그리고 밖에서 누가 엄마 겨드랑이 털만 보고 다니나? 그 사람들의 시선까지 신경 쓸 여유가 엄마는 없. 네. 요!"

"엄마, 털은 왜 있는 거야? 별로 필요도 없는 것 같은데…… . 안 날 수도 있잖아."

"해인아, 그래도 옛날 사람들에 비하면 요즘 사람들은 털이 덜 나는 거 아닐까? 오스트랄로피테쿠스는 온몸이 다 털이었어."

"엄마, 뭐 그렇게까지 비교해!"

"코털이나 속눈썹도 불필요해 보이지만 밖에서 들어오는 먼지를 걸러 주는 필터 역할을 하잖아. 겨드랑이 털과 음모도 몸을 보호하기 위해 있는 게 아닐까? 네가 털이 싫어서 밀겠다면 그건 네가 판단할 몫이라고 생각해. 다만, 엄마가 그랬던 것처럼 다른 사람의 시선을 의식해서 결정하거나, 친구가 하니까 나도 해야지 하며 따라 하는 건 아니었으면 좋겠어. 하지만 네 자신이 불편하거나 한 번쯤 해 보고 싶다면 엄마는 언제든지 오케이 해 줄게."

"근데 엄마 이야기를 듣고 나니, 난 좀 귀찮아서 제모 안 할 것 같아."

"해인아, 그 얘긴 이제 겨드랑이 털이든 음모든 난 다음에 할까?"

겨드랑이 털은 겨드랑이 부위를 보호하는 역할을 합니다. 겨드랑이는 살이 맞닿아 자주 마찰이 생기고, 땀도 많이 나는 부위이다 보니 자칫 살이 까질 수 있기 때문에 그렇다고 하죠. 그러나 제 경우에는 제모를 해도 살갗이 까지진 않았으니 그 역할이 전부는 아닐 수도 있겠다는 생각도 듭니다.

매체를 보면 대부분의 여성은 겨드랑이 털이 제모된 경우가 많은 것에 비해, 남자들은 겨드랑이 털을 그대로 노출하는 일이 많습니다. 여성은 겨드랑이 털이 있으면 더럽다는 이미지가, 남성의 털은 남성미의 하나로 꼽기 때문에 보여 줘도 민망하지 않다는 인식이 아직까지 남아 있기 때문은 아닐까요? 최근에야 성별을 떠나 겨드랑이를 제모하는 것이 자기 관리를 잘하는 모습이라는 인식부터 탈코르셋처럼 획일화된 미의 기준에 반발하는 인식까지 다양한 가치관이 자리를 잡고 있습니다.

아이들에게 털이 나기도 전부터 혐오나 불안을 갖게 하는 것은 바람직하지 않습니다. 무엇이 되었든 자신만의 올바른 가치관을 세워 스스로 결정하고 행동하는 것이 적절하죠. 만약 해인이가 제게 여성용 면도기가 필요하다고 하면 저는 언제든지 마트로 뛰어가 사다 줄 용의가 있습니다. 다만, 자기 몸의 일부를 부정적으로 생각하는 게 아니라 내 몸을 사랑하고, 내가 내 몸을 아끼는 것이 기본이 되길 바라는 마음입니다.

여러분은 털을 어떻게 생각하시나요?

왜 성교육 책마다 음순은 다르게 생긴 거야?

#몸 #생식기 #성교육책 #자기몸긍정 #집에서성교육하기

가끔 작은아이와 함께 있는 자리에서 큰아이가 불쑥 성에 관한 질문을 해서 난감할 때가 있으시죠? 저희 집도 마찬가지였습니다. 그래서 해인이에게 "미르가 없을 때 엄마랑 다시 이야기하자!"라고 했던 것들을 잊지 않고 기회가 되었을 때 하기로 하였습니다.

미르가 아빠와 단둘이 캠핑을 간 어느 날, 부쩍 성에 관심이 많아진 해인이의 성교육을 하기 위해 시간을 갖기로 했습니다. 먼저 새로 출간된 성교육 책을 해인이에게 읽으라고 건네주고, 책을 다 읽은 뒤에 다시 이야기하자고 했습니다. 그런데 잠시 뒤 해인이가 전에 읽은 성교육 책과 이날 본 책을 함께 들고 나오더니 이렇게 말했습니다.

"엄마! 뭐가 진짜야?"

"뭐가 진짜냐고? 그게 무슨 말이야?"

84

"아니, 봐 봐. 이 책이랑 이 책이랑 음순이 다르게 생겼잖아."

"어, 그러네?"

둘을 비교해 보니, 한 권에는 살구색에 뽀얀 피부의 음순이, 다른 한 권에는 음순에 음모까지 그려져서 마치 벌레 같은 모습을 하고 있었습니다. 저는 어딘가에 둔 손거울을 찾아 해인이에게 건넸습니다.

"엄마 생각엔 책에 나온 음순 그림은 둘 다 틀렸어."

"어? 그럼 책에 왜 그렇게 그려?"

"너희들이 보기 쉬우라고 그렇게 한 것 같아. 해인아, 방에 가서 네 음순을 직접 보고 와 봐. 네 방에 들어가서 속옷을 벗고 다리를 벌려서 거울로 비춰 보면 돼."

"뭐라고? 엄마, 변태 같아."

"변태 같다고? 엄마가?"

"응. 거길 왜 봐?"

"해인아, 미르는 매일 봐."

"미르가 매일 본다고? 이상한 애야. 변태야……."

"변태가 아니라, 남자들은 생식기가 밖으로 나와 있으니까 소변을 눌 때마다 볼 수도 있고, 씻을 때도 볼 수 있어. 그런데 여자들은 생식기가 안쪽으로 들어가 있으니까, 거울로 비춰 봐야 볼 수 있어. 그런데 내가 내 몸을 보는 건데 뭐가 변태야? 엄마가 네 몸을 보자는 것도 아닌데. 엄마가 무슨 다큐멘터리에서도 봤는데, 다른 나라는 유치원 생일 때부터 성교육을 해서 자신의 생식기를 자연스럽게 보는 과제도 내 준다고 하더라."

"그래? 그럼 한번 봐 볼까?"

"응, 괜찮아. 궁금하면 보고 나와."

잠시 자기 방으로 들어간 해인이가 문을 열고 나오며 말했습니다.

"엄마, 성교육 책에 나온 그림은 둘 다 틀렸어."

"둘 다 틀렸다고?"

"응. 내 음순과 모양이 완전 달라."

"거 봐, 엄마가 뭐랬어. 보면 다를 거라고 했지?"

"근데 음순을 만지니까 손에서 살짝 냄새도 나고, 하얀 것도 끼어 있어."

"그래, 맞아. 음순에선 냄새도 나고, 치구라고 하얀 물질도 끼어 있어. 더러운 것이 아니니까 나중에 닦을 때 너무 박박 안 닦아도 돼."

많은 여자아이들이 자신의 생식기를 들여다보는 것을 부정적으로 생각하는 편입니다. 어쩌면 당연한 일일지도 모릅니다. 왜냐하면 그 아이들의 엄마들 또한 자신의 생식기를 꼼꼼히 들여다본 일이 없으니까요. 여성의 몸은 순결을 지켜야 하고, 여성의 몸은 깨끗해야 하며, 여성은 성에 대해 몰라야 한다고 생각했던 그 옛날 어른들의 생각처럼 우리도 여전히 무의식중에 우리 아이들에게 잘못된 고정관념을 강요하고 있었던 것은 아닐까요?

자신의 몸을 궁금해하는 아이라면, 그것을 잘 들여다볼 수 있도록 도와주세요. 자기 몸을 잘 알고 관심을 갖는 아이는 몸과 성에 관한 이야기를 부끄러워하지 않고, 자신의 몸을 소중하게 여기는 건강한 아이로 성장합니다. 우리 아이들이 자기 몸에 대한 긍정성을 가질 수 있도록 해 주세요.

성교육 강사가 알려 주는 알면 도움되는 **성교육 TIP**

집에서 성교육 하기

① 성교육, 미루지 마세요!

아이에게 성과 관련된 이야기를 "다음에 하자"라고 했다면, 다음에 '꼭' 하시길 추천합니다. 일부 양육자들은 본인이 잊어버렸다는 이유로, 또는 아이가 잊어버렸을 것 같다는 이유로 그냥 넘어가는데, 이런 일이 반복되면 아이들은 '어른들은 이런 이야기를 하는 것을 좋아하지 않는구나'라는 생각을 하게 되고, 스스로 알아보려고 합니다.

아이가 친구나 스마트폰을 통해 성에 대해 학습하는 것보다 양육자가 가르쳐 주는 것이 긍정적인 성을 가르칠 수 있는 현명한 길이라는 것을 명심하세요.

② 성교육 책, 양육자가 먼저 보세요!

집에 성교육 책이 있거나, 관련 내용이 담긴 새로운 책을 샀을 때는 양육자가 꼭 한번 읽어 보시기를 추천합니다. 최근 성교육 도서가 많이 출간되는 추세인데요. 성교육 책이 비슷한 것 같으면서도 다르기도 하고, 우리 아이가 알고 있거나 궁금해하는 것보다 더 많은 지식을 담고 있기도 합니다.

그래서 책을 읽고 아이들이 양육자들에게 질문이라도 하면, 성교육을 제대로 받은 적이 없는 우리 세대는 당황하게 됩니다. '이 정도까지 알려 줘도 되는 건가?', '모르는 것보다는 아는 게 낫지'라고 생각해서 아예 시작도 안 하거나, 혹은 모자라거나 과한 교육으로 이어질 수 있습니다. 그럴 때 우리 아이가 보는 성교육 책에는 과연 어떤 내용이 나와 있는지만이라도 파악한다면 '아! 이건 이렇게 설명하면 되겠다'라는 생각이 드실 거예요.

엄마가 성교육 하러 학교에 오면 안 돼?

#학교성교육

매 학기마다 친구들과 성교육을 받고, 궁금할 때마다 성에 관해 저와 이야기를 나누던 해인이가 5학년이 되었을 때 보건 교과와 실과 교과를 배우고 나서 갑작스럽게 저에게 이렇게 말했습니다.

"난 엄마가 강의를 잘하는 줄 몰랐는데, 엄마가 정말 강의를 잘하는 것 같아. 엄마가 성교육 하러 학교에 오면 안 돼?"

"응? 그게 무슨 말이야. 갑자기 너의 칭찬이 당황스럽지만 기분은 좋네. 그런데 왜 갑자기 엄마에게 학교로 와 달라는 거야?"

"성교육이 마음에 안 들어. 답답해."

"어떻게 마음에 안 들고, 답답한데?"

"실은 오늘 학교에서 '사춘기와 성'에 대해 배웠어. 그런데 애들이 웃고, 떠들고, 토하는 표정 짓고……. 애들이 그러니까 수업 진행이 안 되는 거야. 근데 엄마가 늘 말했잖아. 이 세상은 남자와 여자가 함께 사는 세상이니까 모두를 알아야 한다고. 근데 남자애들은 여자 몸 나오면 막 웃고, 여자애들은 남자 몸이 나오면 막 소리를 질러 대. 왜 그러는 건지 모르겠어. 그리고 정자와 난자가 뭔지는 가르쳐 주는데, 어떻게 만나는지는 안 알려 줘."

"그럼 네가 어떻게 만나는지 가르쳐 주지 그랬어."

"엄마, 그건 좀 민망하더라. 그걸 비하해서 표현하는 애들도 있는데, 난 아직 엄마처럼 제대로 설명하긴 좀 그래. 그럼 다른 애들은 성관계 같은 건 어디서 배워? 그래서 엄마가 바쁜가? 학교에서 안 가르쳐 주니까?"

"맞아. 학교에서 안 가르쳐 주지만 너희들은 궁금한 것이 많아지는 나이니까, 엄마가 가서 궁금한 부분을 풀어 줘야 하는 것도 있어. 그리고 자기 몸에 대해 관심이 없는 친구들에게도 알려 줘야 하거든."

학교에서 아이들은 성교육에 대해 어떤 것들을 배워야 할까요? 소규모 성교육을 위해 많은 지역을 돌아다니면서 아이들이 성에 대해 얼마나 아는지를 파악하다 보면 한숨이 나올 때가 많습니

다. 5~6학년인데 아직도 '안 돼요', '싫어요', '하지 마세요', '도와주세요' 말고는 한 번도 성교육 수업을 듣지 못했다는 친구들도 있고, 2차 성징에 대해서만 배운 친구들도 있습니다.

특히 중·고등학교는 '성교육 시간=자는 시간'으로 청소년들에게 인식되어 있죠. 본래 교육청의 지침대로라면 1년에 성교육을 15시간(3시간은 성폭력 예방 교육) 받아야 합니다. 그러나 아이들에게 물어보면 성교육은 이벤트로 진행되는 교육인 경우가 많습니다.

그 이유는 무엇일까요? 15시간이 성교육 시간으로 별도로 지정되어 있지 않기 때문입니다. 보건, 사회, 실과 등 교과목 안에 포함돼 있기 때문에 아이들은 자신들이 받고 있는 교육이 성교육인지조차 인지하고 있지 못합니다. 또한 국어, 영어, 수학 같은 과목은 학교마다 다른 출판사의 교과서를 사용한다고 해도 거의 같은 내용을 배우는데, 성교육 교재는 학교마다 너무 차이가 납니다. 아마도 각 지자체의 교육감 또는 학교장의 재량으로 성교육이 어떻게 진행될 것인지가 결정되고, 가르치는 사람의 성에 대한 가치관이나 관점이 다르기 때문에 교육 내용에도 차이가 많은 것입니다.

또한 우리나라의 경우 어린이집과 유치원에서는 성교육이 거의 진행되지 않고 있으며, 교육이 이루어지는 내용도 '몸의 명칭'과 '성폭력 예방 교육'이 대부분입니다. 초등학교 성교육은 대부분 보건 선생님들이 진행하는데, 보건 선생님들의 경우 보건 교육

뿐 아니라 보건실 운영도 책임져야 하고 최근에는 코로나 때문에 업무가 훨씬 늘어났으니 성교육에 신경을 써 달라고 하는 것이 무리한 부탁일 수도 있습니다. 중·고등학교도 별반 다르지 않습니다. '피임'에 대해 가르치는 것보다 국어 교과 한 줄, 영어 단어 하나라도 더 가르치는 일이 급하기 때문에 성교육은 대강 하고 지나가는 경우가 태반입니다. 결론적으로 학교에서 꽤 괜찮은 성교육을 받기는 어려운 것이 현실입니다.

물론 소규모로 강사를 불러 성교육을 진행하기도 하지만 못 하고 넘어간 부분에 대한 보충 교육을 하는 경우가 많습니다. 그러나 대부분의 성교육이 단순히 몸 교육이나 피임 교육에서 벗어나지 못하고 있는 실정입니다. '인간의 신체와 발달', '성과 생식 건강', '폭력과 안전'에 대한 부분은 물론이고, 관계 안에서의 '존중과 동의'도 배워야 하고, '젠더의 이해', '미디어 리터러시' 등 포괄적 성교육을 해야 합니다. 다만, 현 교육 과정에서 포괄적 성교육을 진행하기 어렵다면 '몸 교육'과 '피임 교육', '안전 교육'이라도 체계적으로 받을 수 있는 여건이 마련되었으면 하는 바람입니다.

좀, 들어오지 말라고!

#노출 #목욕에티켓 #속옷 #배려

미르가 목욕을 하고 있었는데 실수로 해인이가 욕실 문을 여는 바람에 큰소리가 나기 시작했습니다.

"아!! 뭐야. 자기는 맨날 갑자기 들어오지 말라면서……."
"앗, 미안!"
"미안하면 다야? 짜증 나!!"

또 어떤 날은 해인이가 목욕 후 나와서 옷을 입고 있는데 미르가 방문을 벌컥 열어서 한바탕 난리가 나기도 합니다.

"좀 나가!! 노크해! 누나, 옷 갈아입잖아."
"미안. 있는 줄 몰랐어……."

여러분이 보시기엔 어떤가요? 저희 집과 비슷한가요? 아니면 저희 집과 완전 반대인가요? 아이들이 너무 예민하다고 생각하시나요? 아니면 우리 아이들도 좀 저랬으면 좋겠다고 생각하시나요? 해인이와 미르가 함께 목욕을 하고, 함께 옷을 벗고 수영을 했던 게 저도 엊그제 일 같습니다. 그런데 해인이가 가슴이 나오기 시작하던 어느 날부터인가 미르가 실수로 화장실 문을 열면 소리를 지르고, 그러다 보니 미르도 해인이가 문을 열면 소리를 지르는 일이 생기기 시작했습니다. 그 후부턴 잠그지 않던 화장실 문을 몇 번씩이나 확인해 가며 잠그고 있답니다. 지금은 같은 시간에 하더라도 서로 다른 화장실을 사용하기로 하면서 소리 지르는 일이 줄어들었답니다.

사실 강의를 진행하다 보면, 반대인 상황을 물어보시는 양육자들이 더 많습니다. "우리 애는 고추에 털이 다 보이는데도 그냥 벗고 돌아다녀요", "남편은 아무 말도 하지 않지만 가슴이 나오고 생리를 하는 딸이 다 벗고 다니는 것을 보면 불편해요", "오빠도 동생도 다 벗고 다니는데 언제까지 봐줘야 하나요?" 등 질문도 다양합니다.

저희 집은 누가 시켜서 두 아이가 저렇게 예민하게 바뀐 것은 아니랍니다. 몸이 변하기 시작한 해인이가 동생이 쳐다보는 것이 싫어져서 반응하다 보니 바뀌게 된 것이죠. 물론 엄마나 아빠가 샤워 후 옷을 벗고 돌아다니는 일은 원래 없었습니다. 그러나 어떤 집은 온 가족이 모두 옷을 벗고 다니는 것이 자연스럽다가 아이들의 2차 성징이 나타나게 되면서 매우 불편해하는 경우가 있습니다.

저는 양육자 분들께 묻고 싶습니다. 원래 집이 '에덴동산'이었는데 갑자기 아이들에게만 옷을 입으라고 하면 아이가 말을 들을까요? 엄마 아빠가 먼저 옷을 갖춰 입고 아이들에게 이야기를 해도 잘 고쳐지지 않는 경우가 많습니다. 바로 '습관'이 들었기 때문입니다. 팬티만 입고 다니는 배우자에게 "이제 아이도 컸으니 바지는 좀 입어"라고 말한다고 해서 바로 한 번에 고치기란 어렵고, 단번에 오케이를 받기도 어려운 것입니다.

대부분의 성교육 강사들은 아이가 4학년이 되면서부터는 성호르몬이 많이 나오기 때문에 이때부터는 가급적 부모들도 아이들에게 속옷을 입는 습관을 들이라고 이야기합니다. 물론 어느 날 갑자기 바꾸려고 하면 잘 안 될 수도 있습니다. 특히 양육자는 계속 벗고 다니면서 아이들에게는 속옷을 챙겨 입으라고 하면 아이들은 '왜? 나만?'이라고 생각할 수 있답니다. 하지만 어느 순간,

가족들 중 누구 한 사람이라도 다른 가족이 벗고 다니는 것을 불편해한다면 '지금 당장 옷을 입는 것'을 우리 가족의 규칙으로 정해야 할 때입니다. 그래도 자꾸 옷을 벗고 나오는 가족 구성원이 있다면 샤워 가운을 비치해 두고 '최소한 그 정도는 걸치고 나올 것'이라는 규칙을 만드는 것도 좋은 방법입니다. 그것이 불편해하는 상대방을 존중하고 배려하는 마음입니다.

나는 초경이 기다려지는데 친구들은 생리가 싫대

#생리 #초경 #초경파티 #생리통

"엄마, 나는 진짜 생리를 해 보고 싶어. 나는 언제 생리할까?"

"할 때 되면 하겠지. 너 냉은 나와?"

"아니, 아직. 그러니까 아직 멀었겠지?"

"냉이 나와야 생리할 준비가 시작된 거니까."

"난 생리를 하면 어떤 느낌일지 너무 궁금해서 친구들한테 나는 생리를 기다려, 라고 했더니 친구들은 생리가 싫대."

"생리가 싫대?"

"응. 엄마, 생리하면 아파?"

"아플 수도 있고, 안 아플 수도 있지."

"생리하면 키 안 커?"

"엄만 생리하고 10센티미터 넘게 컸어. 이모도 그랬을걸? 그건 사람마다 차이가 있을 거야. 그리고 키는 유전의 힘이 제일 크게 작용해."

"그럼 엄마, 나는 키가 얼마나 클까?"

"글쎄……. 엄마는 큰 편이고, 아빠는 작은 편인데, 해인이가 어느 유전자를 받았는지 엄마는 알 수가 없어."

"나도 키 크고 싶어."

"해인아, 엄마처럼 크다고 좋은 것도, 아빠처럼 작다고 좋은 것도 아니야. 그냥 네 몸이기에 좋은 거고, 네 몸이기에 소중한 거야."

"엄마, 나 생리하면 생리 파티 해 줄 거야?"

"응. 그대가 원한다면 그대가 원하는 대로~."

"그러니까 생리가 더 기다려져."

강의를 하면서도 생리를 기다리는 친구들은 몇 명 보지 못했는데, 그중 하나가 해인이라는 것이 뿌듯합니다.

생리! 여러분 중에도 '우리 아이는 늦게 했으면 좋겠어'라고 생각하는 분들이 많을 것 같습니다. 너무 빨리하면 키가 안 클 것 같아서, 아이가 어린데 처리를 제대로 못 할 것 같아서 등등 아이의 생리를 두고 양육자의 걱정은 크기만 합니다. 그러다 보니 2차 성징이 나타나는 5~6학년 여자 청소년들의 고민 중 가장 많은 것이 "생리하면 키 안 커요?"입니다. 해인이와 해인이 친구들도 이런 대화를 했을 거예요. 게다가 최근에는 생리를 늦추기 위해서 호르몬 주사를 맞는 친구들도 있으니 이 부분이 해인이도 제일 궁금했던 것 같습니다.

저는 6학년 겨울방학 동안 병원에 다닐 만큼 성장통을 심하게 겪으며 갑자기 키가 큰 경험이 있지만, 그렇지 않은 양육자 분들도 있다는 것을 잘 알고 있습니다. 생리해 보신 여성 분들은 다 아시잖아요? 시작하면 귀찮고, 힘들 때도 있다는 것을 말입니다. 물론 양육자 분들의 걱정스러운 마음은 잘 압니다. 또한 생리를 시작하면 몇 년 안에 키 성장이 멈춘다는 것도 사실이죠. 그런 사례가 많기도 합니다. 그런데 생리를 시작도 하기 전에 겁부터 주면 아이들이 자신의 몸과 변화를 긍정적으로 바라볼 수 있을까요?

생리에 대한 또 다른 고민은 바로 '생리통'입니다. 지난해 제주도를 여행하던 중에 있었던 일이었어요. 작은 마을을 갔는데 거기에서 어느 할머니가 다가오시더니 할머니가 사시는 마을을 소개시켜 주고 싶다고 하셨습니다. 대신 마을에서 재배하는 것을 파는 곳이 있으니 판매점에 들러 주면 가이드비가 무료라고 하셨죠. 어딜 가나 설명 듣는 것을 좋아하는 저는 아이들과 함께 할머니의 안내를 따라 제주도에 왜 말이 많은지, 제주 방언은 왜 이리 어려운지, 대문에 걸린 세 개의 막대기는 무슨 의미인지 등을 배웠습니다. 매우 유익하고 재미있는 시간이었습니다.

그리고 드디어 판매점에 도착했습니다. 판매점에서 해인이와 미르가 꽂힌 것은 바로 '흑오미자청'이었습니다. 피로 회복에도 좋고, 음료 대신 마시기에도 좋으며, 생리통과 생리 불순에 효과적이라는 말 때문이었습니다. 더위를 많이 타는 미르는 단순히 음료 대신 마시기 좋아서 흑오미자청을 사고 싶어 했지만, 해인이는 조금 다른 이유가 있어 보였습니다. 해인이는 제게 그저 긍정의 끄덕임과 함께 반짝이는 간절한 눈빛을 보냈습니다. 생각보다 가격은 비쌌지만 아이들의 간곡한 요청에 저는 그날 흑오미자청을 무려 세 병이나 사 들고 나왔답니다. 그리고 해인이에게 이유를 다시 물어보았습니다.

"해인아, 흑오미자청이 왜 꼭 사고 싶었어?"

"친구들이 생리하면 아프다는데, 나도 너무 걱정이 돼. 생리통에도 좋다고 하니까 꼭 사고 싶었어."

흑오미자청이 생리통에 도움이 되는지 되지 않는지 저는 잘 모르겠습니다. 일단 저의 생리통에는 도움이 되지 않았던 것만큼은 분명합니다. 세 병을 다 먹는 6개월 동안 해인이는 생리를 시작하지 않았으니 효과가 있는지는 미지수입니다. 다만 해인이가 그런 걱정을 한다는 것을 알았고, 저는 "생리통에 좋은 약들이 많이 나와 있어"라는 말로 해인이의 걱정을 덜어 줄 수 있었습니다. '아픈 데 참아야 하는 것'이 아니라 '아프면 약을 먹는 것'이 진리가 아닐까요?

저는 해인이에게도, 제 강의를 듣는 아이들에게도 저의 첫 생리 경험을 종종 이야기해 준답니다. 저는 초등학교 6학년 여름방학 때 초경을 했는데, 그날이 아직도 기억에 선명합니다. 초경에 대한 오해가 있었기 때문입니다.

"엄마가 첫 생리를 하던 날, 학원이 끝나 집에 가던 중이었어. 엄마가 엘리베이터를 기다리고 있었는데, 소변이 마렵지 않았는데도 갑자기 팬티가 젖는 느낌이 나는 거야. 그래서 집에 가자마자 화장실로 갔는데, 글쎄, 팬티에 갈색의 무언가가 묻어 있는 거야. 그때는 생리를 피가 나는 것이라고 생각했으니까 그게 생리라고는 생각도 안 했어. 그래서 할머니에게 이렇게 이야기했지. "엄마, 제가 똥을 싼 건 아닌데 팬티에 갈색의 뭔가가 묻어 있어요"라고 말이야. 그랬더니 할머니가 와서 "축하해! 첫 생리를 시작하는구나!"라고 하시는 거야. 근데 왜 아무도 처음에 갈색의 뭔가가 팬티에 묻을 거라고는 말해 주지 않았을까? 해인아, 너도 갈색의 무언가가 묻으면 엄마에게 이야기해 줘. 그때 파티를 할 수도 있지. 해인이가 이제 어른이 될 준비를 시작한 거니까."

이 이야기를 해 주면 강의를 듣는 아이들 중 초경을 한 친구들은 맞다며 맞장구를 치면서 자신도 똥인 줄 알았다고 말하기도 하는데요. 그러면 강의 분위기는 금방 화기애애해집니다.

그리고 이어서 '초경 파티'에 대한 이야기도 자연스레 나눕니다. 해인이는 가끔 초경 파티 때 친구들을 초대해도 되는지, 맛있는 음식을 해 줄 건지, 선물도 사 주는 건지, 친구들은 꽃을 받았다는데 자기도 꽃을 사 줄 것인지를 물어봅니다. 그때마다 시원하게 대답해 주죠. "그대가 원하는 대로~."

모든 아이가 해인이처럼 초경 파티를 기다리는 것은 아닙니다. "이건 창피한 일이다", "굳이 파티까지 할 필요는 없다"라고 말합니다. 특히 남자 형제가 있는 아이들이 좀 더 많은 비율로 그렇게 이야기합니다. 만약 제 아이가 이런 유형이라면 일단 저는 설득을 해 볼 것 같습니다. 초경을 하면 실수를 할 수도 있는데 우리 가족 모두가 널 이해해 주고 싶다라든가, 네가 어색하다면 엄마랑 단둘이라도 조촐히 맛있는 것을 먹을까, 라고 말입니다. 그래도 아이가 싫어한다면 파티를 하는 대신 선물을 주는 거죠.

엄마의 마음대로, 아이들이 원하지 않는 파티를 해 준다거나 또는 아이들이 원하는데 그냥 넘어가지는 않았으면 좋겠습니다. 언제나 자신의 몸에서 일어나는 일의 주체는 자신이고, 그 부분에 대한 것들을 준비하는 과정 역시 자신이 결정할 수 있어야 하니까

첫 생리 축하해 ♡

요. 저의 경우 30여 년 전, 첫 생리를 시작한 날 엄마가 시켜 준 치킨과 케이크는 잊지 못하는 추억 중 하나라 그런지 가능하면 저도 해인이의 그날을 기념해 주고 싶은 마음이 큽니다. 무엇보다 내 몸에 긍정적인 마음을 가질 수 있는 좋은 기회가 될 수 있답니다.

안녕? 나는 2022년 여름방학 초에 생리를 시작한 해인이야.

나는 5학년 때부터 생리하는 날을 기다리고 기다렸어. 왜냐하면 주변 친구들은 다 하는데 왜 나는 안 하는지 궁금했고, 너무 늦게 할까 봐 걱정도 됐기 때문이야. 하지만 생리를 시작한 지금, 그것은 내가 해야 하는 일 중 하나가 됐고, 한 달에 한 번 찾아오는 나의 과제가 되었지.

지금부터 나의 첫 생리 기간(7일) 동안 무슨 일이 있었는지 말해 줄게.

주말이었어. 나는 공부를 하고 있다가 소변이 마려워서 화장실을 갔고 자연스럽게 팬티를 보게 되었어. 근데 그 순간 나는 깜짝 놀랐어. 왜냐하면 검은색 액체가 묻어 있었고 덩어리들이 있었기 때문이야. 처음에 나는 '똥을 싼 적이 없는데 왜 똥이 묻어 있지?'라고 생각했어. 하지만 곧 엄마가 말한 '여자들의 생리인가?'라고 잠깐 의심하고 다시 속옷을 갈아입었지. 이와 같은 일은 반복됐고 결국 엄마에게 물어봤어.

엄마는 내가 생리를 하는 것 같다면서 좋아하셨어. 다음 날 저녁, 우리 가족은 맛있는 것도 먹고 케이크에다 촛불도 붙었어. 나는 내가 뭔가 해낸 것 같은 뿌듯함을 느꼈고 가족들이 축하해 주니까 기분도 좋았어. 덕분에 내 남동생도 자신의 몽정을 기다리는 중이야.

하지만 그 뿌듯함은 점점 귀찮음으로 바뀌었어. 계속 생리대를 갈아야 하는 건 기본이고, 엄마는 많이 묻었을 때 교체하라고 했지만 조금만 묻어도 너무 찝찝했어. 그리고 계속 신경을 쓰느라 수영도 못 했어. 그래서 초경을 시작한 일주일은 뿌듯함으로 시작해서 귀찮음으로 끝났다고 말할 수 있어. 아, 참! 그리고 꼭 명심할 게 있어. 일주일간의 생리가 끝났어도 절대 방심해선 안 돼. 생리혈이 하루 더 나올 때가 있거든.

너희들은 나처럼 기다리지 않길 바라. 때가 되면 다 하는 거니까.
그리고 기다린다고 그날이 당겨지지는 않거든.

내 이야기가 도움이 되길 바라며.
그럼 안녕!

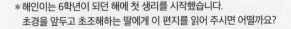

*해인이는 6학년이 되던 해에 첫 생리를 시작했습니다.
 초경을 앞두고 초조해하는 딸에게 이 편지를 읽어 주시면 어떨까요?

그래도 이 브래지어 사 주면 좋겠다

#속옷 #브래지어 #가슴사이즈 #메리야스

"엄마, 여기 가슴 부분이 아파. 옷이 스칠 때도 아파."

"해인아, 학원 가기 전에 엄마랑 어디 좀 가자."

"어디?"

"비밀이야."

여자아이들에게 2차 성징이 나타나면 가슴에 몽우리가 잡히기 시작합니다. 이때 가슴이 아픈 아이도, 가려운 아이도, 아무렇지 않은 아이들도 있죠. 브래지어를 생각하면 저도 몇 번이나 벗고 다니다가 엄마에게 등짝을 맞았던 기억도, 6학년 담임 선생님께서 브래지어 검사를 하시겠다고 등을 문지르시던 기억도 납니다. 해인이가 가슴에 몽우리가 잡히면서 아프다고 이야기하자 저는 좋은 기억을 심어 주는 엄마가 되고 싶었습니다.

비밀이라고 말하며 제가 해인이를 끌고 간 곳은 속옷 매장이었습니다. 어릴 때 매번 엄마가 사 주는 속옷을 착용하다가 20대 때 처음으로 속옷 매장에 가서 스스로 속옷을 산 경험은 신세계였습니다. 점원이 피팅룸에 들어와 가슴 사이즈를 측정해 주고, 사이즈에 맞는 속옷을 추천해 주고, 내 몸에 맞는 속옷을 입어 보는 과정에서 저는 무언가 대단한 경험을 한 것 같은 느낌을 받았습니다. 그때 산 속옷은 내 몸에 꼭 맞았고, 나만의 속옷처럼 특별하게 다가왔습니다. 그래서 해인이에게도 같은 경험을 하게 해 주고 싶었습니다. 해인이는 속옷 매장에서 가슴 사이즈를 측정하고 브래지어 몇 개를 추천받았습니다.

그렇게 이 정도면 나도 좋은 엄마겠지, 하고 있는데 가격을 보고 깜짝 놀랐습니다. 그리 비싸지 않은 가격에 몇 세트씩 주는 홈쇼핑에서 제 속옷을 사다가 오랜만에 속옷 매장에 오니 배가 넘게 가격 차이가 났고, 계속 바꿔 줘야 하는 속옷이 비싸다는 생각이 들었습니다. 그래서 해인이에게 속삭였습니다. "엄마가 생각한 것보다 좀 비싸네. 나가서 다른 데서 살까?" 그러자 해인이가 한 손에 브래지어를 꼭 쥐고는 "그래도 이 브래지어 사 주면 좋겠다"라고 말하더라고요. 결제를 하면서도 가성비 생각에 머릿속이 복

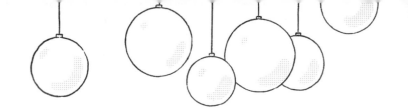

잡했지만, 어쩌면 제가 20대 때 느낀 기분 좋았던 경험을 해인이가 경험했다고 생각하니 속이 덜 쓰리더라고요.

그래서 해인이는 브래지어 잘 착용했냐고요? 집에 와서 한 일주일 정도 열심히 했을까요? 그 이후에는 안 하고 다니더라고요. 저도 해인이 나이 때 불편해서 브래지어를 숨겨 놓고 안 하고 다녔는데, 제 딸이라고 다를까요? 그 뒤로 1년 뒤쯤 제법 봉긋하게 가슴이 나오는 것을 보고는 해인이가 얇은 티셔츠를 입거나 하얀 티셔츠를 입었을 때 한두 번 거울을 비춰 보게 했습니다. 그러면서 "네가 괜찮으면 엄마도 괜찮아. 네가 안 괜찮으면 엄마도 안 괜찮아. 판단은 네가!"라고 말하면 자연스레 아이는 거울을 보고 '해야겠군', '오늘은 안 해도 괜찮겠어'라고 스스로 판단하고 브래지어를 착용한답니다. 그리고 일정까지 생각해서 체육 수업이 있는 날은 알아서 브래지어를 하고, 옷도 괜찮고 뛰는 일도 별로 없는 날은 메리야스를 입습니다.

편한 것을 좋아하는 아이인지, 다른 사람의 시선을 신경 쓰는 아이인지에 따라 브래지어 착용 시기나 방법은 모두 다릅니다. 나에게 편한 브래지어는 어떤 것인지를 아이 스스로 판단하고 결정할 수 있을 때까지 참고 기다려 주는 것도 우리 양육자들의 몫이랍니다.

이것도 생리대야? 뭐가 이렇게 많아?

#입는생리대 #면생리대 #생리팬티 #생리컵 #유기농생리대 #탐폰

어느 날, 강의 준비물로 탐폰을 사 온 것을 보고 해인이가 물었습니다.

"이게 뭐야?"

"생리대."

"생리대? 이상한데?"

"해인아, 오늘은 생리대를 볼까?"

"헉, 이게 다 생리대라고? 뭐가 이렇게 많아?"

일회용 생리대, 일회용 입는 생리대, 면 생리대, 생리 팬티, 탐폰, 생리컵, 이렇게 여섯 종류의 생리대를 본 해인이의 반응은 매우 귀여웠습니다. 일회용 생리대는 학교에서 보건 교육 시간에 보기도 했고, 집에서 제가 쓰는 것을 늘 보기 때문에 낯설어하지 않

왔지만, 일회용 입는 생리대를 보자 해인이는 "기저귀 아냐?"라는 반응을 보였습니다. 그도 그럴 것이 기저귀와 상당히 흡사하게 생겼거든요. 써 보신 분들이야 "얼마나 편한 줄 알아?"라고 하지만, 한 번도 써 보지 않은 분들은 "너무 기저귀 같은데⋯⋯. 팬티는 입을 수 있나?"라며 입는 생리대 사용을 내키지 않아 합니다. 입는 생리대를 사용할 때면 저는 속옷은 입지 않습니다. 좀 두꺼워서 속옷까지 입으면 불편하거든요.

면 생리대는 한동안 제가 사용했었습니다. 하지만 밖에서 생리대를 갈게 되면 잘 챙겨서 가지고 와야 하고 매번 모아서 빨아야 하는 것도 불편해 2년 정도 쓰다가 쓰지 않게 되었습니다. 물론 몸에 좋은 생리대임은 확실합니다. 한때 일회용 생리대에서 화학 성분이 검출되었다는 뉴스가 나온 뒤에는 면 생리대를 구하기가 힘들었습니다. 그렇지만 엄마가 면 생리대를 쓰지 않는 경우 자녀의 면 생리대를 잘 빨아 주는 분을 별로 본 적이 없고, 아이에게 빨아 쓰라고 하면 다시 일회용 생리대로 돌아가곤 합니다.

최근 나온 생리 팬티는 팬티가 생리혈을 흡수해서 집에 와서 빨아 입는 것인데, 초등학생 친구들에게 인기가 많습니다. 저 역시 해인이의 첫 생리용품으로 생리 팬티를 준비했습니다. 일단 생리대를 들고 다니지 않아도 되기 때문입니다.

탐폰과 생리컵은 아이들의 거부감이 심한 편입니다. 그 용품들을 사용하는 사람도 많이 보지 못했기 때문입니다. 자신의 생식기를 제대로 알지 못하는 아이들이 '질' 안에 무언가를 넣는다는 것 자체가 쉽지 않은 일이죠. 아플까 봐 걱정하는 아이들도 많습니다. 다만, 수영이 교과 과정에 들어 있는 사립학교의 경우 선배들이 사용하는 것을 본 적이 있고 경험을 공유하는 친구들은 자연스럽게 쓸 수 있습니다.

생리용품, 어떤 걸 쓰든 뭐 그리 중요하겠습니까? 저는 아이들이 편하게 사용할 수 있는지가 중요하다고 생각합니다. 원하는 것을 써 보고 난 뒤에 본인이 어떤 생리용품을 쓸지 결정해서 사용할 수 있는 환경을 만들어 주는 건 어떨까요?

엄마, 나도 몽정 파티 해 줄 거야?

#몽정 #자위 #몽정파티

해인이와 초경 파티 이야기를 할 때였습니다. 미르가 옆으로 오더니 물었습니다.

"엄마, 나는 생리 안 한다며. 그럼 나는 파티 못 해?"

"미르야, 너는 몽정이라는 걸 해."

"몽정? 그게 뭔데?"

"누나는 '엄마 아기씨'라고 불리는 '난자'가 난소라는 저장소에서 처음으로 나올 때 초경이라고 하는 첫 생리를 해. 미르는 '아빠 아기씨'라고 불리는 '정자'가 사춘기가 되면 생기기 시작하는데, 처음에는 많이 나와도 다시 몸으로 흡수가 돼. 근데 정자가 너무 많이 생기면 더 이상 몸에서 흡수가 안 돼서 밤에 잘 때 몸 밖으로 나오거든. 그걸 '몽정'이라고 해."

"엄마, 그 몽이 꿈 몽(夢)이야?"

"오~ 똑똑한데? 맞아. 꿈을 꾸면서 정자가 나오는 거야."

"그럼 팬티가 젖어?"

"응. 아침에 일어났는데 팬티가 축축할 수 있어."

"오줌인 줄 아는 거 아냐?"

"아니야. 냄새도 느낌도 다를 거야. 몽정하면 엄마가 파티해 줄게."

"엄마, 몽정하면 아파?"

"아니. 몽정해도 안 아파."

"그럼 누나처럼 한 달에 한 번씩 일주일 동안 나오는 거야?"

"아니. 그건 언제 나올지 아무도 몰라."

"몽정할 때마다 파티해 주는 건 아니지?"

"응. 미르야, 누나도 생리 시작하면 매달 하지만, 매달 파티를 해 줄 수는 없잖니. 그러니 미르도 첫 몽정을 하고 엄마에게 자랑해 줘. 그럼 그날 우리 파티하자."

"좋아, 난 치킨 파티 할래."

이런 대화를 나누던 날 미르가 얼마나 귀여웠는지 모른답니다. 아들에게 몽정에 대해 이야기해 주시나요? 설마 한 번도 안 하신 건 아니죠? 아직도 몽정을 하고 속옷을 옷장이나 침대 밑에 숨겨 놓는 아이들이 많습니다. 그건 아마 창피한 일이라고 생각해서일 거예요. 팬티에 무엇인가가 묻으니 양육자의 오해를 받을까 봐 걱정되어서 몰래 빨려고 하다가도 때를 놓치다 보니 여기저기 속옷을 숨겨 놓게 되고, 곧 쿰쿰한 냄새가 나기도 하지요.

우리는 생리나 몽정에 대해서 설명한다고 하면, 혹시 성관계도 설명해야 하는 건 아닐지 고민합니다. 그 고민은 아이에게 성에 관련된 이야기를 시작도 못 하게 막아 버리기도 합니다. 그런데 아이들을 교육하다 보면 정작 아이들은 다른 것에 집중하는 경우가 많습니다. 미르도 몽정에 대한 대화에서 '아빠 아기씨'보다는 '파티'에 집중했죠. 전에 봤던 〈엄마는 안 가르쳐 줘〉라는 뮤지컬에서도 성관계에 관한 것보다는 '아빠 음경이 변신 로봇처럼 커지고 단단해져요(발기)'라는 대사에 집중해서 아빠가 오자마자 달려가서 물어본 적도 있습니다.

제가 가장 인상 깊게 들었던 '초경 파티'와 '몽정 파티' 이야기가 하나 있습니다. 누나의 '초경 파티' 때 남동생이 편지와 선물을 전해 줬고, 누나가 동생의 몽정을 기다리며 어떤 선물을 줄지 고민하는 아이들을 본 적이 있는데 양육자가 어떤 분인지 참 궁금했었습니다. 이 남매는 아마도 다른 이성의 2차 성징도 긍정적으로 바라봐 주고, 존중해 줄 것이라는 생각이 들었답니다. 너무 긴장하지 마세요. 너무 두려워하지 마세요. 아이들에게 내 몸의 변화를 알려 주고, 긍정적으로 기다릴 수 있는 마음을 가르쳐 주는 것이 좋은 성교육입니다.

몽정

양육자 교육에서 어머님들이 꼭 물어보시는 질문이 있습니다.

"우리 아이는 언제 몽정을 할까요?"
"우리 아이가 몽정을 했나요? 아직 안 했나요?"

몽정은 남성이 수면 중에 꿈을 꾸면서 사정을 하는 현상입니다. 그런데 우리가 몽정에 관해 착각하는 것이 하나 있습니다. 바로 몽정이 청소년기에만 일어난다고 생각하는 것입니다. 실제로 몽정은 청소년기에만 국한되어 나타나지 않으며, 성인도 몽정을 할 수 있답니다. 몸속에 쌓이는 정액을 배출하지 않으면 성인도 몽정을 할 수 있는 것이죠. 그렇기 때문에 아이가 자위를 먼저 시작했다면, 이미 자위를 통해 사정을 한다면, 몽정을 시작했는지를 더 알기 어렵답니다.

 이미 자위를 하는 청소년이라면 지금 이 시기에 몽정을 하지 않을 가능성도 배제할 수는 없습니다. 여자 청소년들의 생리가 언제 시작하는지를 정확하게 알 수 없는 것처럼 몽정도 언제 시작하는지 알 수 없답니다. '몽정이나 자위를 하면 방에 티슈를 넣어 줘야지!' 하며 부담스러운 눈으로 아이를 쳐다보지 마시고, 방 분리를 하면서부터는 자연스럽게 휴지를 방에 마련해 주세요. 또한 아이가 엄마에게 몽정을 했다고 자랑할 수 있도록 지금부터 성에 관해 많은 이야기를 나누는 것이 좋습니다.

고추가 꼭 커져야 해?

#발기 #남자아이의몸 #양육자의호기심

성교육 강사인 저도 남자들의 몸은 학습을 통해 배운 것만 알고 있을 뿐이니, 가끔 남편과 미르에게 물어볼 때가 있답니다.

"미르야, 너는 언제 고추가 커져?"

"고추가 커져? 안 커지는데?"

"응? 아침에 일어나면 고추가 빳빳하게 서지 않아?"

"잘 모르겠어."

"그럼 오줌을 쌀 때는 고추가 서지 않아?"

"그건 고추에 힘이 들어가는 거지."

"그래, 미르야. 오줌 쌀 때 빼고, 언제 또 그래?"

"난 잘 모르겠어. 근데 고추가 꼭 커져야 해?"

"그건 아닌데······. 엄마는 궁금했어. 혹시 실례였던 질문이면 쏘리~."

　남자아이들의 발기를 이야기할 때, 저 역시 제 몸이 아닌지라 당황할 때가 있어서 미르에게 물어본 것이었어요. 그룹으로 성교육을 진행하고 나서 양육자들과 그날 수업에 대해 후기를 나눌 때가 있는데, 이 시간에는 95퍼센트 이상 엄마들이 참석합니다. 그러다 보니, 여자아이들 성교육 수업 후 양육자들과 후기를 나눌 때 몸에 대한 부분은 생략되는 경우가 많습니다. 엄마들이 직접 경험한 일이기도 하고 같은 여성이다 보니 특별히 궁금한 것도 없기 때문이죠.

　반면에 남자아이들 성교육 수업 후 진행되는 후기에서는 몸 이야기부터 새롭고 재미있는 부분이 많습니다. 자신이 알지 못했던 부분에 대해 남자 선생님들께서 시원하게 긁어 주시는 부분이 있다 보니 양쪽 분위기가 상당한 차이가 있는 것이 사실입니다.

　발기도 마찬가지입니다. 어떤 아이들은 초등학교 1, 2학년인데도 홈쇼핑에서 속옷을 광고하는 것만 봐도 발기가 이루어지는가 하면, 초등 고학년인데도 발기가 무엇인지 모르거나 미르처럼 발기 경험을 하지 못한 친구도 있답니다. 물론 아이마다 차이가 있기 때문에, 우리 아이가 어느 정도 알고 있는지, 얼마만큼 성숙했는지 양육자가 궁금해하는 것이 당연합니다.

하지만 양육자의 과한 호기심은 아이들에게 성에 대한 거부감을 불러일으킬 수 있습니다. 성에 관해 자연스럽게 대화하는 집을 살펴보면 대부분 성에 관해서뿐만 아니라, 아이의 학교생활, 학교 친구, 학원 이야기 등 사소한 것까지도 함께 공유하고 있는 경우가 많습니다. 평소에는 대화를 잘 나누지 않다가 갑자기 책상에 마주 앉아서 정색하고 성교육 이야기를 꺼낸다면 얼마나 어색하겠어요. 그러니 아이들과 많은 대화 주제 중 하나로 자연스럽게 성에 관해 이야기하는 것이 좋습니다.

궁금하다고 해서 '내 아이니까 볼 수도 있지'라는 생각으로 아이 몸을 불쑥불쑥 보는 것 또한 좋은 방법이 아닙니다. 아이의 몸과 마음은 아이의 것입니다. 가족이든 가까운 친구든, 또 원하는 게 무엇이든 상대방의 동의와 허락을 받아야 한다는 것을 가정에서부터 학습해야 합니다.

엄마는 왜 자꾸 불편하냐고 물어봐?

#자위 #영유아자위 #2차자위

자위를 하는 아이들이 늘어나면서, 고민을 호소하는 양육자도 많이 늘어났습니다. 자위를 하는 연령도 영유아부터 중·고등학생까지 다양해졌고, 성별과도 전혀 상관이 없습니다. 성교육 강사들의 강의에서도, 성교육 도서에서도 '자위는 나쁜 것이 아니라 자연스러운 것'이라고 강조해도 자위를 지켜보는 양육자의 마음은 불편한 게 사실인 듯합니다.

저 역시 해인이와 미르를 키우는 양육자로서 아이의 손이 아래로 향하면 자꾸 물어보게 됩니다.

"미르야, 불편해?"

"응?"

"아니, 네가 자꾸 고추 쪽을 만지는 것 같아서 물어보는 거야."

"안 불편해."

(잠시 뒤에 손이 또 아래로 향하면)

"미르야, 불편해?"

"엄마! 엄마는 왜 자꾸 불편하냐고 물어봐? 나 안 불편해."

"근데 왜 자꾸 고추 쪽을 만져?"

"나도 몰라."

미르는 영유아 자위를 한 적이 없는데도 아이의 손이 아래로 향하면 저도 모르게 그렇게 묻곤 했습니다. 자위는 '자연스러운 현상'이며 '몇 가지 에티켓(손을 깨끗이 하고, 자기 방에서 할 것)을 지킬 수 있도록 지도한다면 괜찮은 것'임을 알면서도 신경이 쓰이는 것은 어쩔 수 없나 봅니다.

미르가 한동안 손이 아래로 향하던 버릇은 팬티를 바꿔 주면서 해결되었습니다. 키도 크고 몸도 또래보다 부쩍 커지자 삼각팬티가 불편했던 것입니다. 몇 번의 시도 끝에 사이즈가 맞는 드로즈로 속옷을 바꾸자 손이 아래로 가는 습관은 싹 사라졌답니다.

양육자 강의를 진행하다 보면, 초등 고학년 이상 남자아이들의 자위는 당연하게 생각해서 아이 방에 티슈를 넣어 줘야 하나, 물티슈를 넣어 줘야 하나까지 고민하면서, 영유아 자위는 이상하다고 생각하는 양육자가 많습니다.

또 남자아이들의 자위는 당연하면서 여자아이들의 자위는 이상하다고 생각하는 양육자가 많습니다. "나는 안 그래 봤다", "나뿐만 아니라 우리 때는 하는 여자들이 없었다"라는 이유로 말입니다. 예전에는 여자가 성에 대해 많이 알면 문란한 여자로 바라봤고, 여성의 성은 숨겨야 하고, 여성은 늘 순결해야 한다고 생각했던 시기입니다. 무엇이든 성적인 것은 남성이 리드해야 한다고 생각했던 시절이죠.

그러나 다시 처음으로 돌아가서 생각해 보자고요. 수정란이 착상된 후 성장을 시작하고 나서 16주쯤 지나면 생식기가 분화합니다. 성별에 따라 생식기의 모양이 다르게 생겼다고 해도 비슷한 역할을 담당하고 있으며 성적 쾌감도 양쪽이 비슷하게 느낄 수 있습니다. 즉, 남성과 여성 모두 자위를 할 수 있다는 것을 똑같이 인정하고 바라봐 줄 필요가 있다는 것입니다.

양육자의 태도와 마음가짐이 달라질 때, 우리 아이들이 조금 더 편해질 수 있습니다. 그게 어려운 일이라는 것은 누구보다 잘 알고 있습니다. 특히 성에 대해 이야기하기를 불편해하는 양육자일수록 아이의 자위가 납득이 안 되고 받아들이기 더 어려울 수도 있습니다.

자위를 시작한 아이를 바라보는 것이 불편하다면, 아예 그 자리를 피하는 것도 방법입니다. 그 자리에서 부담스러운 시선으로 아이를 바라보거나 "그만해라", "병균 들어간다" 등의 이야기를 건네는 것은 오히려 집에서 하던 자위를 유치원이나 학교 등 외부 장소에서도 하는 2차 자위로 확장시킬 수 있다는 것을 알아야 합니다.

자위에 집중하는 아이라면 좀 더 많은 에너지를 쓸 수 있도록 운동이나 바깥 놀이를 하게 하는 것도 도움이 된답니다. 하지만 그보다 중요한 것은 양육자가 아이를 바라볼 때 '잘 자라고 있고 호기심도 많은 아이구나'라는 눈으로 바라봐 주는 것입니다.

나도 고래 잡으러 가야 해?

#포경수술 #포피 #자연포경 #진성포경

얼마 전, 미르가 심각한 얼굴로 저에게 다가와 물었습니다.

"엄마, 친구들이 고래 잡으러 간다는데 그게 무슨 말이야?"

"아, 그건 포경 수술 하러 간다는 얘기야."

"포경 수술이 뭔데?"

"음경의 피부를 당겼을 때 귀두가 드러나는 거 알고 있지?"

"응. 씻을 때 그렇게 씻으라고 엄마가 말했잖아."

"맞아. 그 부분의 일부를 제거하는 수술이야."

"악!! 그럼 아프겠네?"

"엄만 안 해 봐서 잘 모르겠지만, 포피를 제거하는 거니까 조금은 아
프지 않을까?"

"엄마! 나도 해야 해?"

"미르처럼 자연 포경일 경우에도 필요하다고 생각하면 할 수도 있어.

그건, 너의 선택에 맡길게."

"휴, 다행이다. 그럼 나는 안 할래."

초등학교 3학년부터 남자아이들은 포경 수술에 대한 이야기를 서로 나누곤 합니다. 특히 한 친구가 병원에 다녀오면 더 많은 이야기를 나누죠. 포경 수술을 왜 고래 잡는 수술이라고 하는지 아시나요? '고래를 잡는다'는 말 역시 '포경'이라고 하기 때문에 '포경 수술'을 '고래 잡으러 간다'라고 했던 것이랍니다. 요즘은 샤워를 자주 하니 염증이 많이 생기지 않아 최근에는 포경 수술을 하는 청소년들이 많이 줄었습니다. 그렇다 하더라도 아이가 포경 수술을 해야 할 나이가 되었다면, 먼저 아이가 '자연 포경'인지 '진성 포경'인지 알아야 합니다. 이는 남자아이들에게 성기를 닦는 방법을 알려 주면 본인이 자연스럽게 판단할 수 있답니다.

포피와 귀두 사이에는 오줌 찌꺼기나 먼지, 그리고 치구도 끼어요. 그래서 냄새가 날 때도 있고, 염증이 생겨 음경 끝이 빨갛게

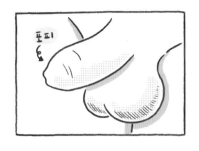
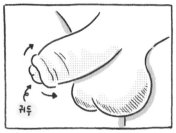

진성 포경
(포피가 밀리지 않음)

자연 포경
(포피가 밀려서 귀두가 드러남)

될 때도 있죠. 그래서 성기를 씻을 때는 포피 안쪽을 깨끗하게 씻어야 합니다. 포피를 뒤로 살짝 당겨서 미지근한 물로 부드럽게 씻어 주고, 씻은 후에는 가볍게 두드려 건조시키면 돼요. 이렇게 닦다가 보면 남자아이들은 자신의 성기가 포경을 해야 되는 상태인지 그렇지 않은 상태인지를 알게 됩니다. 즉, 음경의 피부를 당겼을 때 귀두가 자연스럽게 드러나면 '자연 포경', 귀두가 드러나지 않으면 '진성 포경'이라고 합니다.

본래 포경 수술은 진성 포경일 때 포피의 일부분을 제거하는 수술이랍니다. 그러나 예전에는 자연 포경임에도 불구하고 위생이나 질병 예방을 이유로 대부분의 남자아이들이 포경 수술을 했습니다. 그리고 같은 이유로 자녀를 포경 수술 시키려는 양육자들이 있습니다. 과연 올바른 태도라고 할 수 있을까요? 포경 수술도 선택과 결정의 주체는 아이가 되어야 합니다. 진성 포경이라서 수술을 해야 하는 경우에도 수술하는 시기는 아이가 선택할 수 있어야 합니다. 몸에 대한 올바른 지식과 경험 그리고 시대의 변화와 부모의 가치관 등을 바탕으로 아이가 자신의 몸에 대해 스스로 결정하면, 양육자는 그 결정을 지지하고 도와줄 수 있어야 합니다.

엄마, 아래가 간지러워

#생식기가려움 #생식기세정 #여성청결제

가끔 해인이도 미르처럼 아래로 손이 갈 때가 있습니다.

"엄마, 아래가 간지러워. 안에 손을 넣고 박박 긁고 싶어."

"많이 가려워?"

"좀 힘드네……."

"바지랑 팬티 벗고 다시 닦아 봐. 화장실에 여성 청결제라고 쓰어 있는 걸로 닦으면 돼."

해인이가 여성 청결제를 사용한 지는 약 2년쯤 된 것 같습니다. 어느 날 생식기 쪽이 가렵다고 했는데 무시하고 넘어가기에는 아이가 너무 힘들어하고 고통스러워했습니다.

처음에는 물로 다시 씻어 보라고 했지만, 얼마 못 가 다시 가렵다고 할 때부터는 여성 청결제로 일주일에 한 번 정도 닦으라고 이야기해 줬습니다. 그 이후로는 가렵다는 말을 거의 하지 않습니다.

여성 청결제 이야기를 하면 벌써 써도 되냐는 질문을 많이 받습니다. 제가 사용하는 제품은 4세부터 사용 가능하다고 명시되어 있습니다. 다만, 매일 혹은 너무 자주 쓰는 것은 질을 건조하게 만들기 때문에 적절히 사용하는 것이 좋습니다.

다음으로 많이 하는 질문 중 하나는 비누 혹은 바디 워시로 닦아도 되냐는 것입니다. 실제로 아이들이 이렇게 닦는다고 이야기하는 경우가 많은데, 질 내 산도가 파괴되기 때문에 좋지 않습니다. 아이들에게도 혹시 씻는 과정에서 자연스레 비누로 씻은 뒤 다음에 오줌 눴을 때 안 아팠는지를 물어보면 아프다는 아이들이 종종 있습니다. 생식기 바깥쪽만 씻으려고 해도 씻는 과정에서 자연스레 비누 거품이 안쪽으로 들어가기 때문에 차라리 물로만 씻거나 여성 청결제를 이용하라고 이야기합니다.

여자아이들이 "뜨거운 물로 씻는데, 선생님 그러면 밑이 너무 뜨거워요"라고 해서 "뜨거운 물로 씻으면 당연히 뜨겁지. 원래 미지근한 물로 씻는 거예요"라고 알려 주니 "뜨거운 물로 씻어야 소독이 되는 줄 알았어요"라는 아이들도 있습니다. 여성의 성기를 닦을 때는 물의 온도가 너무 뜨겁거나 차갑지 않아야 하고, 수압도 세지 않게 해서 닦아야 합니다.

또한 비누로 박박 닦는 것이 아니라 여성 청결제로 가볍게 닦아 내는 정도가 좋습니다. 아이들은 항문도 비누로 닦으니까 같은 방식으로 닦아도 된다고 생각하는데, 항문은 생식기가 아님을 분명히 알아야 합니다. 그래서 생식기를 닦는 방법도 다르다는 걸 먼저 알려 줘야 한답니다.

Part 4

임신과 출산

여긴 엄마들만 오는 곳이지?

#산부인과 #여성건강의학과

질염 때문에 산부인과에 가려고 준비하고 있는데 학원이 끝나서 놀고 있던 해인이가 눈에 들어왔습니다.

"엄마, 산부인과 갈 건데, 같이 갈래?"

"응! 같이 갈래. 엄마, 산부인과는 엄마들만 가는 병원이지? 이름에 부인이라고 되어 있잖아."

"아니, 산부인과는 여성이면 누구나 갈 수 있는 곳이야."

"근데 왜 이름을 그렇게 지어 놨데?"

"그러게. 산부인과는 임신, 출산뿐 아니라 여성 관련 질환을 모두 다뤄."

"근데 부인이라는 말 때문에 왠지 결혼한 여자만 가야 될 것 같은데?"

"그래서 어떤 사람들은 산부인과라는 이름을 여성건강의학과로 바꾸고 싶다고 했어."

"나도 그게 좋은 것 같아. 산부인과는 왠지 나는 가면 안 되는 곳 같거든."

'산부인과'와 '여성건강의학과'. 여러분은 어떻게 생각하시나요? 여러분도 산부인과 대기실에 청소년이 앉아 있으면 색안경을 끼고 바라보지는 않으셨나요? 저도 성을 공부하기 전까지는 그랬던 것 같습니다. 청소년이 산부인과에 온 걸 보면 혹시 임신이라도 했나? 무슨 문제가 있나? 하며 곱지 않은 눈으로 바라봤었습니다. 성을 공부하고 난 후에야 산부인과는 여성이면 누구나 갈 수 있는 곳이라는 생각으로 바뀌었습니다.

한국보건사회연구원이 2014년 발표한 '가임기 여성 임신 전 출산 건강 관리지원 방안 연구'에 따르면 성인 미혼 여성 1,314명 중 81.7퍼센트, 청소년 708명 중 84퍼센트는 "산부인과는 일반 병원에 비해 방문하기가 꺼려진다"라고 답했다고 합니다. 또한 성인 미혼 여성의 51.1퍼센트, 청소년의 64.4퍼센트는 "내가 산부인과를 가게 되면 사람들이 이상하게 생각할 것 같다"고 말했다고 합니다.

제가 중·고등학생들을 대상으로 강의하면서 아이들에게 물어봐도 가장 방문이 꺼려지는 병원으로 '산부인과'를 꼽습니다. '굴욕 의자(누우면 다리를 벌리는 자세가 되어 굴욕감이 느껴진다고 해서 여성들이 이름 붙인 산부인과 의자)'에 앉아야 한다는 것도 아이들이 산부인과 방문을 꺼리는 이유 중 하나입니다.

하지만 산부인과는 여성이면 누구나 갈 수 있는 곳입니다. 그리고 그러한 인식은 양육자들이 먼저 바뀌어야 합니다. 아이들의 성기와 관련해서 남자아이의 음경이 아프고 빨갛게 되면 비뇨기과를 가면서 여자아이의 질 쪽이 간지러우면 산부인과를 가기보다 소아과를 선호하는 양육자들이 많은 것이 사실입니다. 만약 산부인과라는 말이 우리의 인식에 영향을 미쳤다면 더 나은 명칭으로 개정해야 할 것입니다. 아프면 전문 병원을 찾는 것을 당연하게 생각할 때 우리 아이들의 인식도 바뀌어 나갈 것입니다.

정말 엄마 아빠도 해?

#성관계 #부부 #사랑 #책임 #가족

많은 양육자 분들이 아이들에게 성관계를 설명하는 것을 어려워합니다. 해인이와 미르도 수없이 물어본 것 중 하나가 "정자와 난자는 어떻게 만나?"였습니다.

(유치원~초등학교 1학년 때의 해인이와 미르와 나눈 대화)

"엄마, 정자랑 난자는 어떻게 만나?"

"어떻게 만날 것 같아?"

"오늘 어린이집에서 새가 아이를 물어오는 영상을 봤는데, 그건 아닌 것 같아."

"왜?"

"그럼 수많은 새들이 일해야 할 것 같으니까."

"그렇구나. 그럼 해인이 생각은 어때?"

"내 생각엔 뽀뽀를 하면 정자가 난자 쪽으로 이동할 것 같은데……."

"오~ 멋진 생각인데?"

"그렇지?"

처음 아이들이 이런 질문을 했을 때는 제대로 호응만 해 주면 신이 나서 자신의 생각을 말하고, 신난 상태에서 다른 것으로 관심이 이동하곤 했습니다. 그러면 양육자는 그 과정을 있는 그대로 바라봐 주면 됩니다. 아이의 상상력을 잘 들어 주고 "아, 너는 그렇게 생각하는구나" 하며 호응해 주어야 하고요. 여기서 주의할 점은 갑자기 이야기의 초점을 다른 곳으로 돌리지 않는 것입니다.

예를 들면, "엄마, 정자랑 난자는 어떻게 만나?"라고 물었을 때 "간식 먹을래?" 또는 "그건 네가 크면 자연히 알게 돼" 이렇게 대답하면 아이는 엄마 아빠가 이런 질문을 불편해한다고 생각해서 이후에는 궁금해도 물어보지 않을 수 있습니다. 그리고 영원히 물어보지 않는 아이들도 있죠.

어른들에게 묻지 못하면 아이들은 다른 곳에서 정보를 얻습니다. 친구에게 물어보거나 학교 도서관에 가서 성교육 도서를 찾아본다거나, 스마트폰이 있는 아이라면 검색을 해 볼 수도 있습니다. 성관계에 관해 다른 곳에서 정보를 얻는 것보다는 부모가 가르쳐 주는 것이 훨씬 더 담백하고 안전한 정보를 알 수 있지 않을까요?

해인이와 미르는 거의 매년, 난자와 정자가 어떻게 만나는지를
물어봤습니다.

(초등 2~3학년 때의 해인이와 미르와 나눈 대화)
"엄마, 정자랑 난자는 엄마랑 아빠가 뽀뽀를 하면 이동하는 거 맞지?"
"네 말대로라면 아빠가 엄마한테 정자를 뱉어 내면 엄마가 그걸 꿀꺽
삼키는 거야? 좀 이상하지 않아?"
"그럼 어떻게 만나는 거야?"
"그걸 알려면 먼저 우리 몸에 대해 알아야 해."

저는 아이들에게 남성의 신체 구조와 여성의 신체 구조에 대해
설명해 준 뒤 성관계에 대해 설명해 주었답니다. 그랬을 때 아이
들은 훨씬 쉽게 받아들입니다.

"미르야, 남자의 음경이 성적으로 자극을 받으면 어떻게 된다고 했
지?"
"커지고 단단해진다고 했어."
"그 음경이 질 안으로 쑤욱 들어가는 거야."
"헐……. 엄마, 우리가 그렇게 생겼어?"
"응, 그렇게 생겼지."
"엄마, 이건 꼭 옷을 벗고 해?"

"성관계할 때? 윗옷은 입을 수도 있을 것 같은데, 음경이 질 안으로 들어가려면 팬티는 벗어야 하지 않을까?"

"이상해. 엄마는 그럼 우리를 낳으려고 두 번 한 거야?"

"뭐라고? 두 번만 했냐고?"

성교육을 받는 대부분의 아이들이 이렇게 생각하는 경우가 많습니다. 자기가 외동이면 한 번, 형제가 두 명이면 두 번, 세 명이면 세 번이라고 말입니다. 저는 절대 그렇지 않다고 이야기해 줍니다. 어떤 양육자 분들은 웃으면서 "우리는 가족이라 정말 이제 더 이상 안 해요"라고 이야기하시기도 합니다. 그렇다고 우리가 아이를 가지기 위해서만 성관계를 하지는 않잖아요. 그리고 가족을 형성하는 기본은 무엇인가요? 바로 '사랑'입니다. '사랑'이란 마음의 사랑도 있지만 몸의 사랑도 있습니다. 그게 이상한 것은 아니죠. 사랑해서 서로 남이었던 사람들이 한 가족이 되어 살아가는 것이고, 자신이 꾸린 가족에 대해 '책임'을 함께 지고 있는 것입니다. 부모가 성관계를 하는 것을 제대로 설명하지 못한다면 10대들의 성관계, 20대들의 성관계는 어떻게 설명할 수 있을까요?

"미르야, 두 번만 하지는 않아. 오늘도 할 수 있고, 지난주에도 했을 수 있어."

"왜? 우린 이제 아이는 그만 낳는다고 했잖아."

"성관계는 단순히 아이를 낳기 위한 방법만은 아니야. 성관계는 사랑의 표현이니까, 엄마랑 아빠랑 서로 사랑하면 할 수도 있어."

"정말 엄마랑 아빠도 해?"

"응. 정말 엄마랑 아빠도 해. 그게 사랑의 표현이니까. 물론 싸우는 날도 있고 화를 내는 날도 있지만 보기만 해도 좋은 날도 있거든."

"좀 이상해."

"당연하지. 그런데 너희들은 드라마에서 키스 신을 봐도 더럽다고 이야기하잖아."

"응, 남의 입술을 왜 먹는 거야?"

"그런데 그 사람들은 더러운데 참고 키스를 하는 거야?"

"아니. 좋아서."

"맞아. 다른 사람이 볼 때는 이상하다고 생각하지만, 두 사람이 진짜 사랑한다면 그건 이상한 일이 아니야. 사랑의 표현이지."

"엄마, 근데 자주 하지는 않지?"

"엥?"

"자주 하는 건 좀 이상할 거 같아."

"그건 알 수 없어. 엄마랑 아빠랑 둘 다 즐겁고 행복하고 사랑스러워 보이는 날이 언제일지 아무도 모르니까……."

해인이와 미르뿐 아니라, 많은 청소년들이 부모의 성관계는 상상할 수 없는 일이라고 이야기합니다. 심지어 음란물을 보는 중·고등학생도 부모의 성관계에 대해서는 놀라는 경우가 있습니다. 왜 그럴까요? '사랑과 책임'을 가르쳐야 하는 가장 기본적인 부분을 우리는 너무 숨기고 있는 것은 아닐까요? 성관계가 이상한 일이 아니라는 것을 여러분은 알고 계실 것입니다. 하지만 알게 모르게 우리는 성관계를 '야한 것', '아이들은 알면 안 되는 것'이라고 생각하고 있는 것은 아닌가요?

실제로 성관계를 설명하다 보면 2차 성징이 일어나고 있는 초등학교 5~6학년 아이들보다 초등 저학년 친구들이 훨씬 더 자연스럽게 받아들이고 있다는 것을 느낄 때가 많습니다. 초등 고학년 아이들에게 몽정과 생리를 설명하면서 우리는 자연스럽게 임신이 가능해지는 어른이 되고 있는 몸이라고 이야기하면 아이들은 부모의 몸을 생각하면서 동시에 자신의 몸을 대입하는 반면, 초등 저학년 아이들은 온전히 부모의 몸을 떠올리기 때문에 훨씬 더 쉽고 자연스럽게 받아들이는 것입니다.

강의를 하다 보면 한 부모 가정의 친구들을 만날 때도 있습니다. 이 친구들의 경우 성관계를 설명할 때 '사랑'과 '책임'에 대해 말해 주면 눈물을 흘리기도 합니다. 그럴 땐 부모가 헤어진 것이 네 탓이 아니라는 것, 사랑이 오래갈 수도 있지만 식을 수도 있다는 것, 함께 사는 부모가 너를 사랑하며 책임지고 있고, 같이 있지 않은 부모도 너를 사랑하며 책임지는 부분이 있다고 설명합니다. 다양한 가족의 형태를 가진 아이들에게도 '사랑'과 '책임'에 대해서 그 의미를 다시 새겨 줍니다.

만약 저처럼 성관계에 대한 설명을 내화로 풀어 나가기 어려운 양육자 분들은 관련 내용을 다루고 있는 쉽고 재미있는 성교육 도서를 아이들과 함께 읽으면서 부족한 부분을 채워 가면 좋습니다. 천천히 책을 읽으면서 아이들의 표정을 살피고, 아이들과 함께 이야기하면서 아이들이 성을 긍정적으로 바라볼 수 있도록 해 주세요. 한 가지 당부드리고 싶은 것은 성교육 도서를 아이에게 권하거나 함께 읽을 때, 반드시 양육자가 먼저 읽어 보고 양육자가 소화할 수 있을 때 권해 주어야 합니다. 그래야 아이들이 질문했을 때 당황하지 않고 답할 수 있습니다.

성관계를 가르친다는 것은 어렵지만 재미있기도 합니다. 그리고 반드시 해야 하는 교육이죠. 만일 양육자가 혹은 학교에서 성관계에 대해 가르쳐 주지 않는다면 아이들은 대체 어디서 배울 수 있을까요? 그나마 유익한 성교육 도서를 통해 건전하게 배우면 다행이지만, 음란물이나 불법 촬영물로 성관계를 습득한다면 과연 우리 아이들이 '사랑'과 '책임'의 온전한 의미를 알 수 있을까요? 아마 성관계를 '게임', '놀이'쯤으로 생각할 수도 있을 것입니다. 아이가 어떤 가치관을 갖기를 원하나요? 성관계 안에는 사랑과 즐거움 그리고 생명과 책임이 함께 자리하고 있음을 먼저 가르쳐 주어야 합니다.

함께 읽으면 좋은 책

성관계를 설명하기 곤란할 때 아이와 함께 읽어 보세요.

- 《나도 엄마 배 속에 있었어요?》 (다그마 가이슬러, 풀빛): 아이들의 눈높이에서 임신과 출산의 과정을 세세하게 알려 준다.

- 《엄마가 알을 낳았대!》 (배빗 콜, 보림): 아이가 알에서 태어난다는 엄마아빠의 설명을 아이들이 바로잡아 준다. 솔직하고 구체적으로 묘사되어 있어 저학년 아이들에게 유익한 성교육 그림책.

- 《Why? 사춘기와 성》 (전지은, 예림당): 누구나 궁금해하는 사춘기와 성에 대해 흥미 있고 진지하게 풀어냈다. 사춘기에 접어든 고학년 아이들이 읽으면 좋은 책.

엄마, 나 낳을 때 얼마나 아팠어?

#출산 #임신부체험 #공감력

조카를 출산하고 퇴원한 올케와 대화를 나누던 해인이가 제게
물었습니다.

"엄마, 외숙모가 그러는데 아기를 낳을 때 너무 무서웠대. 그리고 너무
많이 아팠대. 엄마는 나 낳을 때 얼마나 아팠어?"

"얼마나 아팠냐고? 참을 수 있을 만큼?"

"참을 수 있을 만큼? 그게 다야?"

"응. 아프긴 했지만 참을 만했으니까 미르도 낳았지. 죽을 만큼 아팠으
면 미르는 안 낳았어. 외숙모도 그럴걸? 참을 수 있는 아픔이니까 둘
째를 낳은 거 아닐까?"

"그럴 수도 있겠네."

"엄마도 아팠어. 그건 사실이야. 그런데 네가 엄마 품에 안겼을 때 너
무 행복하고 너무 사랑스러워서 아픈 건 금세 잊었던 것 같아."

"다행이다. 잊을 수 있는 아픔이어서. 내가 엄마를 아프게 한 것 같아 미안한 마음이 들었거든."

"해인아, 그런데 엄마도 아팠지만, 해인이도 좁은 길로 나오면서 많이 힘들었을걸? 엄마가 미르를 크게 낳았잖아. 그때 엄마 박수 받았거든. 그해에 병원에서 가장 큰 아이를 자연 분만으로 낳았다고. 그때 의사 선생님이 해 주신 말씀이 있는데, 나더러 원래 잘 웃냐는 거야."

"엄마 잘 웃잖아. 근데 왜?"

"잘 웃는 사람에게는 좋은 호르몬이 많이 나와서 통증을 잘 이겨 낼 수 있다고 하시더라고. 너도 많이 웃으면 좋은 호르몬이 많이 나와서 너한 테 좋은 영향을 주지 않을까? 그게 꼭 출산이 아니더라도 말이야."

"큭큭, 엄마 나 원래 잘 웃어."

정말 이상하게도 여자아이들을 대상으로 강의를 하다 보면, 초등학생, 중·고등학생 상관없이 출산의 경험을 궁금해합니다. 해인이처럼 아이를 낳아 보고 싶다고 말하는 아이들은 궁금해할 수 있다고 생각합니다. 그런데 "저는 아이를 낳지 않을 거예요", "저는 비혼주의자예요"라고 말하는 아이들도 얼마나 아팠는지를 꼭 물어본답니다. 아이는 낳고 싶지 않지만, 낳을 수도 있는 여성의 몸을 가졌기 때문은 아닐까요?

해인이, 미르와 함께 임부 조끼를 입고 임신부 체험을 했던 적이 있습니다. 해인이는 체험하는 내내 눈물을 뚝뚝 흘리며 "엄마 정말 힘들었겠다", "엄마 정말 고마워", "자꾸 눈물이 나"라고 말했던 데 반해 미르는 "엄마, 이거 언제 벗어?", "엄마, 힘들어", "이거 너무 무거워"라는 말로 짜증을 내는 것이었습니다.

그 순간 어디선가 봤던 다큐멘터리가 떠올랐습니다. 여자아이들은 공감 능력이 좋아서 엄마가 다친 척이라도 하면 눈물을 뚝뚝 흘리는 반면, 남자아이들은 관심조차 없었던 장면이 인상적이었던 프로그램이었습니다.

그래서 저는 양육자 분들에게 출산의 경험을 너무 끔찍하게 이야기하지 말라고 당부합니다. 특히 여자아이를 키우는 양육자 분들에게요. 가끔 "수박이 콧구멍에서 나오는 것 같았다"로 시작해서 정말 심하신 분들은 "트럭에 깔리는 경험 같았다"라고 하시는 분들도 있습니다. 강의 중에 아이들이 그런 말들을 얼마나 무서워하며 재차 확인하는지 모르실 겁니다. 공감력이 좋은 데다가 훗날 자신도 출산을 할 수 있는 여자이기에 더 두려움을 느낍니다.

물론 아팠던 건 사실이지만, 그만큼 행복했던 것도 사실이잖아요. 그러니 아직 닥치지도 않은 일에 미리부터 두려움을 심어 주기보다는 "아팠지만 너를 안았을 때 그 무엇과도 바꿀 수 없을 만큼 너무 행복했단다"라고 이야기해 주시면 어떨까요?

이거 좀 이상해, 왜 가지고 있는 거야?

#탯줄 #입덧 #출산 #가족

청소를 하던 중에 해인이와 미르의 탯줄을 담아 놓은 박스를 보고 미르가 물었습니다.

"엄마, 이게 뭐야?"

"탯줄."

"탯줄이 뭔데?"

"탯줄은 아기가 생기면 엄마 몸에서 갑자기 생겨."

"갑자기 왜 생기는데?"

"엄마 몸 안에는 자궁이라는 곳이 있는데 임신을 하게 되면 자궁 안에 태반이라는 아기 집이 하나 더 생겨. 그리고 그 태반에서 아기의 배꼽하고 연결하는 통로가 생겨."

"엄마 몸이랑 아기 몸이랑 연결되는 거야?"

"그렇게 생각할 수도 있지. 탯줄은 엄마 몸이랑 아기 몸이랑 연결해 주는 가늘고 긴 띠야. 엄마가 숨을 쉬면 탯줄을 통해서 아기도 숨을 쉴 수 있도록 산소가 공급되고, 아기 몸의 노폐물은 엄마 몸으로 전달돼. 엄마가 먹은 음식의 영양분을 아기에게 전달하는 것도 탯줄이야."

"엄마는 우리가 배 안에 있을 때 어떤 음식을 좋아했어?"

"누나가 배 속에 있을 때는 면을 엄청 먹었지. 엄마는 원래 면을 좋아하지 않는데 누나가 엄마 배 속에 있을 때는 1일 1면 할 정도로 좋아했어."

"그럼 나는? 내가 엄마 배에 있을 때 엄마는 뭘 좋아했어?"

"미르를 임신했을 땐 고기를 입에 달고 살았지. 엄마는 원래 고기를 좋아하는데 고기가 더 좋더라고."

"엄마, 나는 고기를 좋아하고, 누나는 면을 좋아하잖아. 그게 엄마 배 안에서부터 많이 먹어서 그런가?"

"하하하. 그럴 수도 있겠네."

"근데 탯줄이 왜 여기 있어?"

"아기가 태어나면 탯줄을 잘라. 그리고 이렇게 보관해 두기도 해."

"탯줄 자를 때 많이 아팠어?"

"아무 느낌이 없었는데? 원래 엄마의 것도 미르 것도 아니어서 그런지 안 아팠어. 아빠가 잘랐는데 나중에 아빠한테 물어봤더니 약간 질기고 말랑말랑한 느낌이었대. 한 번에 안 잘릴 정도로 질긴 느낌이라고 했어."

"정말 신기하다."

아이들은 양육자와 다른 시선으로 성을 바라봅니다. 우리에게

별거 아닐 수도 있는 탯줄도 신기한 눈으로 바라보니까요. 제가 아이를 출산할 당시에는 탯줄로 액자를 만들거나 도장을 만드는 게 유행이었습니다. 저는 교육 때문에 탯줄을 눈에 잘 띄는 곳에 보관해 놓는데 한 번씩 아이들은 냄새를 맡기도 하고, 길이를 재 보면서 제게 위와 같은 질문들을 쏟아 놓습니다.

제가 그렇게 하는 것은 아이들에게 교육적인 부분도 전하고 싶어서지만 '엄마와 네가 배 안에서부터 연결되어 있었다는 것' 그리고 '엄마는 네가 생긴 그날부터 너에게 사랑을 주고 있었다'는 것을 알려 주고 싶기 때문입니다.

여러분 중에는 심한 입덧으로 고생했던 분도 있을 겁니다. 제 친구 중에도 입덧이 시작되고 나서 멜론 외에는 거의 음식을 먹지 못해 체중이 늘지 않고, 임신 기간 내내 영양제를 맞으면서 회사를 다닌 친구가 있습니다.

임신과 출산의 과정이 아무리 힘들었어도 "너 때문에 엄마 힘들어 죽을 뻔했어. 으이구구⋯⋯"가 아닌, "네가 생기는 그 순간부터 우리는 하나로 연결되어서 엄마의 몸이 달라졌고, 입맛이 달라졌어. 엄마가 잘 못 먹고 힘들게 회사를 다녔을 때에도, 엄마는 늘 네가 걱정됐단다. 그래서 안 들어가는 음식도 먹으려고 애썼고, 주사를 싫어하는 엄마가 매일 너에게 영양이 부족하지는 않을까 걱정돼서 영양제를 맞았단다. 그러면서도 너에게 미안한 마음이 있었어. 그리고 네가 태어나던 날, 너를 안던 그 순간이 너무 기뻤단다"라고 말해 주면 어떨까요?

사춘기가 시작된 아이들은 매 순간 양육자들과 분리되기를 꿈꿉니다. 자신을 가만두기를 바라고, 친구와 어울리기를 더 좋아하는 아이들도 있고, 혼자 있는 것을 좋아하는 아이들도 있죠. 친구들과 어울리며 사고를 치는 통에 가족들의 속을 태우는 아이들도 있습니다. 하지만 양육자가 아이의 사춘기 전에 사랑하는 마음을 많이 표현한다면, 태아 때부터 지금까지도 엄마는 늘 함께했고 언제나 아이 걱정을 했다는 것을 이야기해 준다면, 아이는 누군가의 도움이 필요한 순간 혼자 헤매지 않고, 어느 때고 양육자에게 손을 내밀 것입니다.

엄마, 우리 반 쌍둥이는 얼굴이 달라

#쌍둥이 #일란성쌍둥이 #이란성쌍둥이 #난임 #시험관시술 #유전

미르가 학교를 다녀와 종알종알 학교 이야기를 시작했습니다.

"엄마, 우리 반에 쌍둥이가 있는데, 나는 걔네들이 쌍둥이인 걸 몰랐어."

"아, 이란성 쌍둥이구나?"

"이란성 쌍둥이? 쌍둥이인데 왜 얼굴이 달라? 이란성 쌍둥이가 뭐야?

쌍둥이는 어떻게 생겨? 난자 하나에 정자가 두 개 들어가는 거야?"

아이들은 많은 부분 자신이 경험하거나 보고 들은 것에 대해 제일 많이 질문합니다. 쌍둥이도 그런 주제 중 하나입니다. 쌍둥이는 아이들이 자기 반에서나 학교에서 한두 번은 보았을 테니까요. 그리고 재미있게도 거기에 아이들의 상상력이 더해져 기상천외한 답을 만들어 냅니다.

"아니야, 미르야. 난자 하나에는 하나의 정자만 들어갈 수 있어. 난자는 정자 하나가 들어오면 그 순간 표면을 단단하게 만들어서 다른 정자는 들어올 수 없게 하거든."

"엄마, 그러면 동시에 들어갈 수도 있지 않아?"

"음, 동시에 들어가게 되면 정자와 난자의 유전자가 이상해지고, 그건 비정상적인 일이기 때문에 수정란이 될 수 없어."

미르처럼 이야기하는 아이들, 있지 않나요? 그럴 때는 정확하게 알려 줄 필요가 있습니다.

"일란성 쌍둥이는 한 개의 난자와 한 개의 정자가 만나 하나의 수정란이 되고 세포 분열이 시작되어 하나에서 둘로, 둘에서 넷으로 분열할 때 세포가 나누어져서 생기는 거야. 본래 하나의 유전자에서 생겨났기 때문에 성별, 혈액형, 유전자가 동일하지. 그런데 이란성 쌍둥이는 한 달에 한 번, 한 개가 나오던 난자가 두 개 이상 배란되어 나타나는 것으로, 두 개 이상의 난자가 각각 다른 정자와 수정되어 자란 것이기 때

문에 유전자도 성별도 달라."

"아, 그렇구나. 내 친구들은 이란성 쌍둥이네."

아이들이 일상생활에서 경험하고 들려주는 이야기 안에 아이들이 접하는 성 이야기가 담겨 있습니다. 어른들에게는 익숙하고 잘 아는 것들이지만, 아이들에게는 그저 신기하고 놀라운 이야기일 수 있답니다. '대충 넘어가지 뭐. 어차피 나중에 다 알게 될 텐데……' 하는 태도보다는 아이들이 궁금해할 때 전문가처럼 정확하게는 아니더라도 피하지 말고 알려 주려고 노력하는 자세가 중요합니다.

혹시 잘 몰라서 당황스럽다면, "엄마는 그거에 대해서 잘 모르는데, 우리 같이 찾아볼까?"라든지 "아빠는 잘 모르겠네. 엄마에게 물어볼까?" 또는 "아빠가 먼저 찾아보고 같이 이야기하자"라고 말하는 것도 좋은 방법입니다. 모르는 것을 솔직하게 인정하는 것도 용기랍니다.

쌍둥이 출생률

아이들은 자신도 쌍둥이를 낳고 싶다고 하면서 그것이 가능한지 가능하지 않은지를 물어보기도 합니다.

통계 자료에 따르면 지난 40년간 쌍둥이 출생률이 4.5배 증가했다고 합니다. 쌍둥이 출산이 증가한 이유는 초혼 연령이 높아진 데서 찾을 수 있을 거예요. 산모의 나이가 많을수록 난임의 가능성이 높아지고, 이로 인해 시험관 시술과 같은 체외 수정을 시도하는 일도 많아지는 것이죠. 난임 시술을 통해 아기를 출산할 경우, 다태아 출생 확률이 매우 높아지게 된답니다.

또한 유전인 경우도 있습니다. 유전일 경우 1대를 걸러 유전이 된다고 하니, 부모가 쌍둥이일 경우는 유전적으로 본인은 쌍둥이일 확률은 떨어지지만, 본인의 자식은 쌍둥이일 확률이 있는 것이죠.

저는 강의 중에 엄마도 아이도 쌍둥이인 경우를 본 적이 있는데요. 이 경우 엄마는 유전적 쌍둥이였고, 아이들은 시험관 시술로 쌍둥이가 되었답니다.

함께 읽으면 좋은 책

《쌍둥이는 너무 좋아》 (염혜원, 비룡소): 쌍둥이만이 지니고 있는 독특한 감성과 경험을 이불 소동으로 재미있게 보여 준다. 닮은 듯하지만 미묘하게 다른 쌍둥이의 두 얼굴을 비교해 보는 재미도 있는 가족 그림책.

정자은행이 뭐야? 거기서 어떻게 아이를 키워?

#정자은행 #난자은행 #자발적미혼모 #비혼주의

앞서 이야기한 것처럼 아이들은 자신이 경험하거나 보고 들은 것에 관심이 많답니다. 최근 들어 많이 하는 질문은 '정자은행', '자발적 미혼모', '비혼'에 관한 것들입니다.

"엄마, 내가 텔레비전을 보는데 거기서 보니까 정자은행에서 정자를 기증받아서 아이를 가진 사람이 있어. 정자은행이 뭐야? 거기서 어떻게 아이를 키워?"

"헤인아, 한 번에 하나씩 물어봐. 정자은행이 궁금한 거야?"

"응. 정자는 남자 몸에서 생기는 거잖아. 그게 은행이 있어? 그리고 거기서 기증을 받아? 무슨 말인지 잘 모르겠어."

"정자은행은 남자 몸에서 내보낸 정액을 얼려 놓은 다음, 필요할 때 꺼내 쓸 수 있는 곳을 말해. 현재 우리나라는 모르는 사람에게 정자를 주는 것은 법적으로 금지되어 있어. 다만, 자신이 건강할 때 정자를 저

장했다가 결혼해서 임신할 때 임신을 시도하기 위해서는 가능해. 난자도 그럴 수 있어. 한 달에 한 번, 한 개만 나오는 난자를 호르몬을 이용해서 여러 개 내보낸 다음에 보관해서 나중에 쓸 수 있어. 하지만 엄마는 아직 난자은행이라고 하는 건 들어 보지 못했어."

"그럼 성관계를 통해 아기가 만들어지는 건 아니네?"

"응. 인공 수정이나 시험관 수정 같은 과학적인 방법을 써야 해. 해인이 사촌 동생 평온이가 오랜 시험관 수정 끝에 생긴 것처럼."

"엄마, 그럼 자발적 미혼모는 뭐야?"

"결혼을 하지 않고 아이를 낳은 여자를 미혼모라고 하고, 그런 남자를 미혼부라고 해. 그런데 '자발적'이라는 것은 뭘까?"

"'스스로'라는 뜻 아냐?"

"맞아. 스스로 미혼모가 되기를 선택한 사람을 자발적 미혼모라고 하는 거야."

"그럼 비혼은?"

"결혼을 안 하는 것."

"그럼 자발적 비혼도 있어?"

"하하하. 그건 그렇게 표현하지 않지만, 결혼을 하고 싶은데 안 한 상황이라면 비자발적 비혼이고, 본래부터 결혼을 원하지 않은 거라면 자발적 비혼이라고 해야 하나 싶네."

아이들의 질문에 대답해 줄 때, 가급적 제 가치관을 강요하지 않으려고 노력합니다. 저 역시 그동안 살면서 저희 부모님으로부터 받은 가치관과 제 신념에 따라 형성된 가치관이 있을 텐데 그것을 가치관이 형성되고 있는 중인 해인이와 미르가 꼭 따라야 한다고 생각하지는 않습니다. 물론 제 생각이 아이들에게 어느 정도 영향을 미치기야 하겠지만 가능하면 아이들의 생각을 존중하고 싶은 마음이 더 크답니다.

아이의 가치관이 형성되는 과정에서 제가 가장 중요하다고 생각하는 부분은 '내가 소중하고 중요한 만큼 다른 사람도 소중하고 중요하다는 것', '내가 좋아하는 것이 있는 것처럼 다른 사람이 좋아하는 것도 인정해 줘야 한다는 것', '상대방과 내가 다를 수 있음을 인정하는 것'입니다. 다름을 인정할 때 아이들의 생각이 '혐오'로 기울지 않고, '차별'이 아닌 '차이'의 시선으로 세상을 바라볼 수 있습니다. 양육자라면 내 아이가 다른 사람과의 관계 안에서 차별을 받지 않고 성장하길 바랄 것입니다. 차이를 인정하고 각자의 모습을 존중하는 아이로 성장하도록 돕는 것도 양육자가 해야 할 역할입니다.

Part 5

존중·동의·자기 결정권

엄마는 머리 자르지 마, 긴 머리가 더 예뻐

#존중 #배려 #사랑 #인간관계

1년에 두세 번 머리를 하는 저는 10년째 보는 미용실 원장님도 힘들게 하는 고객입니다. 보통 30대부터는 비슷한 머리를 고집한 다는데, 머리를 짧게 잘랐다가 어깨까지 길렀다가, 변덕이 심하거 든요.

"미르야, 엄마 미용실 다녀올게."

"엄마! 머리 어떻게 할 건데?"

"짧게 자를 거야. 관리하는 것도 귀찮고 머리카락 빠지는 것도 싫 고……."

"엄마, 머리 자르지 마. 지금 그대로가 예뻐."

"미르야, 그건 엄마 마음이야. 엄마 몸인데?"

"아니, 그래도 너무 짧은 거 싫어."

"미르는 엄마를 좋아하는 거야, 엄마 머리를 좋아하는 거야?"

"엄마를 좋아하는데, 머리가 길었으면 좋겠어."

"싫어. 엄마 마음이야. 엄마는 엄마의 머리를 어떻게 할지 결정할 수 있어. 그리고 그건 누구라도 엄마에게 이래라저래라 할 수 없어. 할머니 할아버지도, 아빠도."

"치. 머리 긴 게 예쁜데……."

"그럼 넌 머리 길러."

"엄마, 나는 남자잖아."

"무슨 소리야. 남자는 머리를 짧게 하고 여자는 머리를 길러야 해? 그냥 그 사람이 좋아하는 머리를 하면 되는 거야. 네가 머리를 짧게 하고 싶으면 짧게 해도 돼. 기르고 싶으면 길러도 돼. 엄마도 그래. 엄마도 머리를 짧게 하고 싶으면 자를 거고, 기르고 싶으면 기를 거야. 그리고 아무리 친한 사이라도 네가 그 사람이 좋아하는 것, 먹고 싶은 것, 하고 싶은 것을 결정해 줄 수 없어. 간섭하고 강요하는 것은 결국 폭력일 수 있어."

"엄마, 뭘 또 거기까지 가. 그럼 내가 엄마한테 폭력적이야?"

"엄만, 네 말을 안 들을 거라서 폭력은 아니야. 하지만 만약 네가 여자 친구에게 이렇게 옷을 입어라, 저런 귀걸이를 해라, 다이어트 좀 해라, 이렇게 하는 건 폭력이야!"

몇 년 전, 모 프로그램에서 남편에게 잘 보이고 싶은 아내가 치마를 입고 나왔더니, 남편이 옷을 갈아입고 오라고 말하는 장면을 보았습니다. 아내를 너무 사랑하기 때문에 남에게 보여 주기 싫다나요. 그랬더니 그 아내가 순순히 옷을 갈아입고 나오더군요. 물론 신경 써서 피팅한 옷을 입지 못해서 실망한 표정이었죠.

짧은 옷, 몸이 드러나는 파인 옷을 입지 못하게 한다고 그게 무슨 데이트 폭력이냐고 말씀하시는 분들도 있을 거예요. 그럼 교복 치마 짧게 입지 말라고 하는 건 가정 폭력이냐고 물어보시는 분들도 있었으니까요. 옷차림과 머리 스타일을 단속하는 것은 본인이 만들어 놓은 틀 안에 상대를 맞추라고 강요하는 행위가 될 수 있습니다.

당사자와 잘 상의한 다음에 "나는 이래서 이게 좋을 것 같은데? 어때?"라고 의견을 주면 끝날 수도 있는 문제를 본인이 말한 대로 맞춰 주지 않았다고 해서 화를 내고는 "아끼고 사랑하니까 그래"라는 말로 강요한다면 그건 서로 존중하는 관계일까요? 나중에는 옷뿐만 아니라 모든 것을 다 통제하는 관계가 되지 않을까요?

나의 자율성을 존중해 달라는 의사를 자유롭게 표현할 수 있는 관계가 가장 건강한 관계입니다. 그리고 서로 존중하는 관계가 사랑의 기본 바탕입니다. 그러니 우리는 아이들에게 기본기를 단단히 가르쳐 주어야 합니다. 사랑을 받고, 사랑을 줄 수 있는 기본기 말입니다.

왜 생일 때마다 뽀뽀하고 찍은 사진이 있는 거지?

#사진 #뽀뽀 #스킨십 #동의 #성적자기결정권 #거절

"엄마, 난 모쏠은 아니야."

"뭐? 초3이 벌써 모쏠 얘기 하는 것도 놀랍지만, 누구랑 사귀었는데?"

"지윤이. 다섯 살 때 우리 사귀었었어."

"기가 막히고 코가 막힌다. 사귀어서 좋았어?"

"아니, 어쨌든 난 모쏠은 아니라고."

"그래서 너랑 지윤이랑 뽀뽀하고 찍은 사진도 있잖아."

"근데 엄마, 왜 생일 사진마다 뽀뽀하고 찍은 게 많지?"

"너 현아랑도 세 살 때 뽀뽀하고 찍은 사진 있네?"

"난 현아 별로였는데, 왜 뽀뽀하고 있는 사진이 있는 걸까?"

"글쎄, 현아가 미르를 좋아했나?"

아이들의 유치원 때 사진을 보면 뽀뽀하는 사진 한 장씩은 꼭 있더라고요. 그런데 아이들이 정말 좋아서 그렇게 찍은 것일까

175

요? 미르의 이야기를 들으면 지윤이와는 좋아했던 기억이 분명히 있는 것으로 보아 뽀뽀를 원했을 수도 있습니다. 그러나 대개 이 시기엔 아이들의 의견을 듣고 그러한 포즈를 한다기보다는 어른들이 보기에 귀여워서 서로 뽀뽀하게 하고 찍는 경우가 많죠. 아닌가요?

  하지만 아이들에게도 '성적 자기 결정권'이 있답니다. 성적 자기 결정권의 사전적 의미는 '자기 스스로 내린 성적 결정에 따라 자기 책임하에 상대방을 선택해서 성관계를 가질 수 있는 권리'를 뜻합니다. 즉, 타인에 의해 강요를 받지 않고 자신의 의지와 판단으로 자율적인 성적 행동을 결정하는 것을 의미하죠. 그래서 청소년기만 되어도 연애할 때 성에 관련된 것을 스스로 결정하고, 자기가 책임지면 되는데 어른들이 왜 간섭을 하느냐고 이야기합니다. 그러나 성적 자기 결정권은 미성년자 의제 강간죄 기준 연령인 만 16세 이하에게는 해당되지 않는 내용입니다.

  우리는 성적 자기 결정권을 가르치기에 앞서 '동의'를 받았는가

부터 가르쳐야 합니다. 이를테면 한쪽이 일방적으로 좋아해서 뽀뽀하는 포즈로 사진을 찍은 것은 아닌지 말입니다.

미르의 세 살 생일 사진은 현아가 미르를 좋아해서 찍은 사진이었습니다. 세 살 아이들의 스킨십에 무슨 서로 간의 동의가 필요하냐고 생각할 수도 있습니다. 그러나 우리가 사소하다고 생각하는 손을 잡는 문제부터도, 또 이성이 아니라 동성끼리의 스킨십도 상대의 '동의'와 '허락'을 받아야 한다는 것을 가르쳐야 합니다.

여기서 문제! 졸라서 받아 낸 허락은 '동의'일까요? 정답은 '아니요'입니다. "한 번만~ 한 번만~ 나 너랑 뽀뽀하고 싶어. 나는 네가 진짜 좋아. 근데 넌 내가 안 좋아? 좋아하면 우리 뽀뽀할 수 있는 거 아냐?"처럼 상대방이 졸라서, 또는 연인 관계이기 때문에 반강제로 한 허락은 온전한 동의가 아닙니다.

동의와 허락의 관계는 명쾌해야 합니다. 서로 즐겁게 오케이 사인을 줄 수 있어야 하는 것이죠. 이에 대해 알려 준 뒤에야 성적 자기 결정권을 가르쳐 주어야 합니다. 이때 성적 행위 여부를 결정하고 책임지는 것뿐 아니라, 그 결정을 '취소'할 수 있고 '거절'할 수 있다는 것도 알려 주세요. 물론 취소했을 때 돌아오는 결과도 내가 책임져야 한다는 것도요.

예를 들어 좋아하는 친구와 키스하기로 마음먹었더라도 그 순간 안 해도 된다는 것, 그것이 상대방과 헤어지게 하는 결과를 초래하더라도 내가 원하지 않는다면 반대의 결정을 해도 된다고 알려 주는 교육이 필요합니다.

쉽고 간단한 것 같지만 아이들은 거절에 익숙하지 않고 거절하는 순간에 찾아오는 어색함을 참기 어려워합니다. 거절하는 것이 잘못이 아니라는 것, 거절을 당하는 것이 나에 대한 비난이 아니라 단순히 그 행위에 대한 거절임을 알려 주어야 합니다. 뿐만 아니라, 성적 행위에 관해 내가 내리는 어떠한 결정에도 상대방이 존중해 주는 것이 진짜 사랑이라는 것을 알려 주세요.

내가 싫다는데 선생님은
왜 자꾸 먹으라고 하는 거예요?

#존중 #자기표현 #감정표현 #자존감

해인이는 전신 아토피를 오랫동안 앓았습니다. 물론 지금은 아토피를 앓았었나 싶을 정도로 좋아졌습니다. 아토피가 있는 자녀를 키우는 양육자 분들 중에는 음식 재료를 까다롭게 고르거나, 특정 음식을 못 먹게 하기도 합니다. 어렸을 때 먹는 것에 대해 스트레스를 많이 준 탓에 지금도 저는 해인이가 싫다는 음식을 집에서는 크게 강요하지 않습니다. 그러던 어느 날, 해인이가 영어 수업에 갔다가 울면서 들어온 거예요.

"엄마, 선생님이 자꾸 양파 껍질을 끓인 물을 억지로 먹으라고 해."
"양파 껍질 끓인 물을 왜 너에게 먹으라고 하셨을까?"
"몸에 좋다고…… 근데, 내가 싫다고 하다가 컵을 치는 바람에 컵이 깨졌어."

"어머, 그랬어? 속상했겠네?"

"엄마 아빠는 싫다고 하면 안 먹이는데, 선생님은 왜 자꾸 먹으라고 해?"

"선생님이 해인이 몸이 건강해지길 바라셨나 보다. 이해해 드리자."

미국인 선생님께서 몸에 좋다고 양파 껍질 끓인 물을 아이들에게 내주셨다니, 그 상황이 너무 재미있다고 생각해서 넘어가려 했는데 저녁에 선생님한테서 전화가 왔습니다.

"어머니, 미안해요. 미카(해인이의 영어 이름)가 싫다고 했는데, 몸에 너무 좋을 것 같아서 먹으라고 했더니 울면서 갔어요. 라이언도 먹었고, 미셸도 먹었고……. 근데 싫어도 어른이 부탁하면 들어줄 수 있지 않나요?"

어떻게 생각하시나요? 저는 이건 아니라는 생각에 선생님 말씀이 끝나자마자 이렇게 말했습니다.

"선생님, 아이가 싫다면 싫은 거예요. 미카는 아기 때부터 아토피가 심해서 특히 음식을 조절해서 먹었어요. 가끔 싫다는 것을 조금이라도 주면 알레르기 반응이 심해졌어요. 그리고 어른이 말한다고 해서 싫은 것을 꾹 참고 꼭 해야 하는 건 아니라고 집에서 가르친답니다. 앞으로는 미카가 싫다는 것은 인정해 주시면 좋겠어요."

그제야 선생님은 알았다고 말씀하시고는 급하게 전화를 끊으셨습니다.

제가 해인이를 키우면서 가장 힘들었던 것 중 하나가 자기표현을 제대로 하지 못한다는 것이었습니다. 다른 사람이 볼 때 해인이는 참을성 많고, 다른 사람을 배려하는 착한 아이였습니다. 그런데 자기표현을 잘 못하다 보니 원하지 않는 음식을 참고 먹느라 화장실에 가서 토하는 일이 많았고, 어른들의 눈치를 살피느라 정작 하고 싶은 것을 말하지 못해 눈물만 흘렸습니다.

집에 그런 아이, 꼭 한 명은 있죠? "뭐 먹을래?"라고 물어보면, "아무거나" 또는 "엄마 좋은 것이요"라고 대답하는 아이들이요. 그 아이들에 관해 이야기를 하다 보면 대부분의 양육자 분들은 "애가 생각이 없어요"라고 하십니다. 그러나 다시 한번 생각해 보세요. 그 아이는 배려심이 넘치는 아이입니다. 생각하기 싫어서, 먹고 싶은 것이 없어서가 아니라 그저 남이 좋은 것, 남이 먹고 싶은 것을 먹어야 자신이 편하다고 생각하고, 자신의 의견을 이야기했을 때 그 상황이 어색해지는 것을 참지 못하는 아이일 수 있습니다.

해인이를 지금처럼 자기 의견을 잘 이야기하는 아이로 키우기까지 무려 1년이 넘는 시간이 걸렸습니다. 이제는 자기가 하고 싶은 이야기는 꼭 하는 아이, 울면서도 자신의 억울함을 또박또박 말하는 아이로 성장했습니다. 물론 그 덕에 지금은 제가 목 뒤를 잡을 때가 종종 있긴 하지만요.

어떻게 이렇게 소극적이었던 아이가 누가 봐도 똑소리 나는 아이가 될 수 있었던 걸까요? 저는 해인이에게 "뭐 먹을래?"라고 물었을 때 아이가 구체적인 대답 대신 "아무거나"라고 말하면, "그럼 너는 조금 더 생각해 줘"라고 시간을 주고는 미르를 쳐다봤습니다. 미르는 "빵!", "밥!", "토스트!" 정말 잘 말하거든요. 그러다 보니 어느 순간 해인이도 그렇게 변해 갔습니다.

그런데 매번 두 아이가 같은 메뉴를 말하지는 않습니다. 그래도 가급적이면 각자가 원하는 메뉴를 해 주려고 노력합니다. 물론 선택지를 줄 때가 많고, 두 개의 선택지 중에 두 개를 다 해 주지 못하는 날도 있습니다. 하지만 되도록 아이들이 말한 것은 존중해 주려고 합니다. 가끔 "미안한데 오늘은 토스트로 통일! 엄마가 너무너무 피곤해"라고 이야기하면 아이들도 고개를 끄덕여 줍니다.

이해가 쉽게 밥을 예로 들었지만, 그 외에도 원하는 것과 원하지 않는 것에 대해 귀 기울여 들어 주려고 최대한 노력했습니다. 원하는 대로 해 주지 못할 때는 사과도 하면서요. 특히 해인이에게는 1년이 넘는 시간 동안 더 가혹하게 자기표현을 잘하도록 질문하고 들어 주고 하기를 반복했던 것 같습니다.

그 과정을 중요하게 생각했던 배경에는 여자아이라는 이유도 있었습니다. 훗날 어떤 일이 생겼을 때 집에서 존중받았던 때를 생각하길 바라는 마음이었죠. 혹여 누군가에게 폭행을 당하더라도 울면서라도 꼭 이야기해 주길 바라는 간절한 마음이 있었기 때문입니다.

최근 저의 이런 '자기표현 하기 훈련'은 미르에게로 넘어갔습니다. 그동안 '남자아이는 자신의 의견을 잘 말하지 않아도 어디서 피해는 받지 않겠지?'라는 저만의 편견이 있었는데, 그러는 사이에 미르는 자신이 울면서도 왜 우는지 엄마에게 잘 설명하지 못하는 아이가 되어 있었습니다. 그 눈물이 화가 나서 흘리는 것인지, 분노인지, 억울한 건지에 대해 알아차리지 못하고, "그냥 눈물이 나!"라는 표현으로 대신하는 아이 말입니다.

그래서 요즘엔 미르가 울 때 왜 우는지, 어떤 감정이 드는지를 물어보고 기다려 주는 인내의 시간을 보내는 중입니다. 이제 5개월 정도 되었는데 기다려 주면 이야기해 주는 아이로 점차 변하고 있는 것이 느껴집니다. 처음에는 한 시간이 걸렸지만, 요즘은 20분 정도면 이야기해 주니, 조만간 그때그때 바로 설명해 줄 수 있지 않을까요?

'자신을 표현하는 것', '자신의 감정을 알아차리는 것', '자신이 존중받는 것'. 이러한 경험을 가장 많이 하는 곳은 바로 가정 안에서입니다. 자기표현을 잘 못하는 것, 자신의 감정이 화가 나는 것인지 속이 상하는 것인지 모른 채 울고만 있는 것은 어쩌면 자신이 존중받는 경험을 가정 안에서 하지 못해서인지도 모릅니다. 그런 경험이 계속 쌓인다면 아이의 자존감도 점점 내려가게 될 것입니다.

오늘 여러분은 어땠나요? 아이의 이야기에 최대한 귀 기울이고 존중해 주었나요? 아이니까 무시하고 어른 마음대로 한 것은 아닌가요? 키가 크는 것보다 더 중요한 것은 아이의 자존감이 성장하는 것입니다.

신호등 노래를 들으면 엄마가 생각나!

#신호등 #노란불 #성폭력예방교육

신호등을 보고 미르가 흥얼거리기 시작했습니다.

"횡단보도를 건널 때에는 빨간불 안 돼요. 노란불 안 돼요. 파란불 돼~.
엄마, 난 이 노래를 들으면 엄마 생각이 나."

"엄마가 미르 어린이집에서 교육했던 것 때문이구나?"

"응, 그때 재밌었어. 난 노란불이 재밌었어."

"노란불이 재밌다고? 왜?"

"엄마, 기억 안 나? 애들이 막 소리 질렀잖아. 우리 엄마는 노란불일
때도 건너요. 우리 아빠는 운전할 때 노란불이면 더 빨리 가요. 이러면
서……."

"맞아. 그렇지만 기억하고 있지? 노란불은?"

"알아. 빨간불과 같은 의미라는 거."

미르가 어린이집에 다닐 때 성폭력 예방 교육을 하러 갔었습니다. '성폭력 예방 교육' 하면 여러분은 어떤 것이 떠오르나요? 설마 '안 돼요', '싫어요', '하지 마세요', '도와주세요'가 떠오르는 건 아니시겠죠?

제가 고등학교 학생들의 성폭력 예방 교육에 가서도 이 말을 써 놓으면 모두가 특이하게 읽습니다. 아주 부드럽고 장난치는 그 말투로요. 그래서인지 아이들이 이 교육을 받고 오면 아빠가 뽀뽀하려고 해도 장난스럽게 "안 돼요", "싫어요", "하지 마세요", "도와주세요"라고 말하며 밀어냅니다. 실제로 이런 상황이 닥치면 소리를 지르면서 외쳐야 하는 말인데 말이죠.

한편으로는 위급한 상황에서 소리를 지를 수나 있을지, 혹여 소리를 지르다가 가해자가 아이의 입을 막거나 목을 졸라 더 위급한 일이 벌어지는 것은 아닐지 생각해 보셨나요? 그런 이유에서도 이러한 교육은 이제는 지양해야 합니다.

대신 아이들에게 존중과 동의를 가르쳐야 합니다. 어떤 행동을 하기에 앞서 상대방의 동의를 받는 습관, 그리고 상대방이 미리 말한 부분에 대해 존중하는 태도를 가르쳐 줘야 하는 것입니다.

미르가 말한 것처럼 아이들은 빨간불일 땐 멈추는 것, 파란불일 땐 지나가는 것을 정확하게 알고 있었습니다. 하지만 노란불의 의미에 관해서는 아이들의 대답이 매우 다양했습니다. "아빠가 더 빨

리 뛰렸어요." "우리 엄마는 더 빨리 운전해서 휙 지나가던데요?"
"엄마가 노란불이면 멈춰야 한다고 했어요."

이제 여러분이 대답해 보세요. 노란불일 때는 어떻게 해야 할까
요? 지나가면 안 되는 것, 멈춰야 하는 것이 정답입니다. 양육자는
아이들의 거울입니다. 아이들의 행동을 보면 그 양육자를 알 수 있
다고 하잖아요.

[신호등 교육]

"선생님이 너와 손잡아도 되니?" ⇒ "네." (파란불: 손잡아도 된다)

"선생님이 너에게 뽀뽀해도 될까?" ⇒ "싫어요!" (빨간불: 뽀뽀하면
안 된다)

"선생님이 널 꺼안아도 될까?" ⇒ "……." (노란불: 말하지 않는 것/꺼
안으면 안 된다)

아이가 "싫어. 하지 마"라고 하는데도 아이 얼굴에 볼을 부비는
아빠, 아이가 "그만해"라고 하는데도 엉덩이를 조물조물하는 엄

마. 아이는 "그만! 싫어!"라는 '빨간불' 표현을 정확히 하고 있는데도 대부분의 양육자 분들은 "뭐가 어때서? 내 아이인데?" 또는 "너무 예뻐요. 너무 사랑스럽지 않나요?"라고 이야기합니다.

아이에게도 성적 자기 결정권이 있습니다. 아이가 싫다고 하는 것을 존중해 주세요. 내 아이라서 너무 예쁘고 사랑스럽다고요? 연애를 할 때 우리 아이의 파트너도 아이를 자기 애인이고 너무 예쁘고 사랑스러워서 그랬다고 이야기할 것입니다. 존중받는 것이 당연하다고 생각하는 아이는 밖에서도 존중받고자 하고, 억압받는 것이 당연하다고 생각하는 아이는 밖에서 억압받는 것을 사랑으로 착각할 수 있다는 점을 다시 한번 생각해 보시면 좋겠습니다.

엄마는 세상에서 누가 제일 좋아?

#부부간의존중 #부모자식간의존중 #평등

"엄마는 세상에서 누가 제일 좋아?"

"아빠!"

"엄마는 우린 안 좋아해?"

"아니, 좋아해. 제일 좋아하는 건 아직은 아빠지. 너희는 두 번째."

"다른 집은 애들이 1번이래."

"엄만 아냐. 어떻게 애들이 1번일 수가 있어. 엄만 아빠를 사랑해서 결
혼했고, 그 덕에 예쁜 너희가 생겼으니까 아빠를 1번으로 사랑해야
지……."

이렇게 말했을 때 해인이와 미르가 엉엉 울었던 적도 있었습니
다. 아이들의 말처럼 아이가 1순위인 가정이 많습니다. 그런데 아
이가 가정에서 우위를 차지하는 순간, 많은 것들이 달라집니다.
늦게 퇴근해서 라면 하나 끓여 먹으려는 남편에게 "아이가 자니

까 조용히 하라"는 말로 핀잔을 주거나, 엄마가 안 된다고 하는데도, 아빠나 할머니가 엄마 몰래 아이에게 스마트폰을 사 주기도 합니다. 굉장히 사소한 것 같아 보이는 이런 일들이 쌓이고 쌓여서 아이가 사춘기가 되면 아이에게 쏟아부었던 과잉보호가 부정적인 형태로 폭발합니다. 바로 아이 스스로 가족 내의 서열을 정하게 되고, 자신의 서열이 어디쯤인지 우위를 정하고, 자신보다 서열이 낮다고 생각하는 사람은 무시하고 그 사람의 말에 반항하는 일들이 일어나게 되는 것입니다.

채팅 앱을 사용하는 초등학교 4학년 아이를 상담하러 갔었습니다. 그 아이를 상담하러 들어갔는데, 엄마의 눈빛은 이미 아이에게 많은 실망을 했다는 눈빛이었습니다. 아이가 주눅이 들어 있는 것을 풀어 주고 상담을 하고 있는데 벌컥 문이 열리며 한 살 어린 여동생이 들어왔습니다. 여동생은 책상을 막 뒤지더니 휙 나가 버렸습니다. 조금 뒤 다시 여동생이 들어와 노래를 부르며 책상 쪽으로 가길래 잠깐 나가 있어 달라고 부탁을 했더니 짜증을 내며

가 버렸습니다. 그리고 엄마에게 소리를 지르더군요. 학원 교재를 찾아야 하는데 이상한 선생님이 나가라고 했다고 말입니다. 아이 엄마가 죄송하다며 들어와 학원 교재를 찾았지만, 그 아이가 찾던 책은 거실에 있었습니다.

이 가족은 아빠가 집안의 1번, 동생이 2번, 엄마가 3번, 첫째아이가 4번인 것처럼 보였습니다. 엄마는 아빠와 소통이 안 돼 힘들어하고, 동생은 엄마더러 아빠에게 이른다며 협박하고, 엄마의 스트레스는 첫째아이가 다 받고 있었으며, 집에서 제대로 소통하는 사람이 없다 보니 외로워서 모르는 사람들과 채팅을 하고 있었던 것이었습니다.

가족 내에서 서열을 정하는 것은 올바른 일이 아닙니다. 모든 가족이 평등해야 하고, 그 평등 안에서 사랑을 충분히 느껴야 합니다. 그런데 그 평등이라는 것은 부부가 서로에게 먼저일 때 가능합니다. 엄마가 아빠를, 아빠가 엄마를 존중하고 서로 아껴 줄 때 아이들도 부모를 존중하고 따라갈 수 있고, 그 안에서 온전한 사랑이 이루어지는 것입니다.

엄마와 아빠가 각자 아이들과 자거나 각방을 쓰고 계신다면 언제쯤 합방을 할 것인지도 생각해 보시면 좋겠습니다. 아이들과 함께 잘 경우 대부분 배우자보다는 아이에게 집중하게 되고 배우자의 컨디션보다는 아이의 컨디션을 신경 쓰기 마련입니다. 아이들은 언젠가 부모에게서 떨어져야 하는 존재이며 독립을 학습해야 하는 적절한 시기라는 것이 있습니다.

저 역시 온 가족이 함께 자던 시기를 지나, 남편과 다시 단둘이 자게 되었을 때 마치 신혼처럼 잠이 오지 않아 6개월을 뒤척였습니다. 설레서 그랬냐고요? 에이, 설마요. 아이의 보드라운 살냄새가 아닌 남편의 살냄새 때문에 어색해서, 아이의 새근새근한 숨소리가 아닌 드르렁드르렁 코 고는 소리에 시끄러워서, 또 아이들을 남편이 데리고 잤던 시기엔 혼자 자던 시간에 익숙해져 누가 옆에 잔다는 것이 어색하고 이상해서 뒤척였죠.

하지만 이젠 잠도 함께 자고 잠자기 전, 그동안 하지 못했던 이야기들을 나누곤 합니다. '언제 나가는지', '오늘 일정은 무엇인지', '몇 시쯤 들어오는지'부터 시작해, '앞으로 아이들을 어떻게 키워 나갈지' 등 미래를 고민하는 것까지 말입니다. 부부가 함께 각자의 내일을 계획하는 것이죠.

부부의 사랑이 먼저여야 합니다. 서로 존중하고, 사랑하는 부모를 보면서 아이들도 자연스럽게 상대방을 존중하고 배려하는 마음을 배울 수 있을 것입니다.

장고가 먼지 알아?

#연애 #장난고백 #이성교제 #키스신 #베드신

"엄마, 요즘 유행하는 거 얘기해 줄게. 다꾸가 먼지 알아?"

"다이어리 꾸미기."

"어? 엄마 아네? 장고는?"

"장난 고백."

"헐, 엄만 어떻게 다 알지? 우리 반에 장난 고백 하는 애들 있다?"

"해인아. 장난 고백이 먼지 알아?"

"응. 고백하고 며칠 있다가 거짓말이라고 하는 거라고 하던데?"

"넌 어떻게 생각해?"

"난 완전 별로야."

"왜?"

"나를 장난감 취급 하는 것 같아."

아이들에게 모태 솔로라는 단어가 왜 그리 중요해졌는지 모르

겠습니다. 지난번에 미르도 자긴 모태 솔로가 아니라고 하더니, 모태 솔로를 탈피하기 위해 아이들이 좋아하지도 않는 사람에게 쉽게 고백을 한다고 합니다. 그리고 그 친구가 싫다고 하면 장난이었다고 둘러대거나 고백받은 사람도 주변에 자기만 '모쏠'이니 고백을 받아 주고 사귀어 봤다고 이야기하는 아이도 봤습니다.

초등학교 고학년 중에 연애를 해 본 아이들 가운데 일주일을 넘어가는 아이는 열 명에 한 명 있을까 말까 한 걸 보면 장난으로 고백하고, 또 좋아하지 않는 친구의 고백을 쉽게 받아 주는 일이 많아진 것이 사실입니다.

만약 아이가 고백을 받아서 신나서 들어와 양육자에게 이야기한다면 어떻게 하실 건가요? 축하해 주는 분들도 있을 것이고, 부정적으로 반응하는 분들도 있을 것이고, 덤덤한 표정을 짓는 분들도 계시겠죠. 저라면 아이에게 "너도 그 애를 좋아해?"라고 먼저 물어볼 것 같습니다.

아이가 고백을 받았다고 했을 때, 아마 양육자들은 알 것입니다. 만일 '그 아이가 누구지?'라는 생각이 먼저 들었다면 우리 아이가 전혀 관심이 없던 아이일 것이고, 종종 그 아이에 대해 긍정적인 이야기를 하는 것을 들었다면 우리 아이가 좋아하는 아이일 것입니다. 평소 보여 왔던 반응에 따라 태도를 달리하시면 됩니다.

해인이가 고백을 받았다고 저에게 이야기했던 날이 생각이 납니다.

"엄마, 나 오늘 좀 그래."

"엥? 뭐가 좀 그래?"

"태권도 학원에서 ○○ 오빠가 나 좋아한대."

"오~ 그래서 좋았어?"

"아니. 전혀. 좀 별로야."

"해인아, 너 ○○ 오빠 괜찮다고 했던 거 아니야? 그 오빠 매너 좋다며……."

"근데 오늘 보니 별로였어."

"왜?"

"좋아하면 스스로 고백해야 하는데, 다른 오빠가 대신 고백했어. 그건 좀 아니지 않아?"

"그래서 어떻게 했어?"

"난 별로 좋아하지 않는다고 이야기해 줬어. 좀 실망이야……."

평소 해인이와 미르를 잘 챙겨 줬던 남자아이였는데, 다른 사람을 통해 고백하는 방법이 해인이는 별로였던 것입니다. 만약 그 남자아이가 직접 고백했다면 해인이의 첫 남자 친구가 될 수 있지 않았을까, 하는 아쉬움이 남았지만 어떤 선택이든 해인이의 결정

을 응원해 주었습니다. 잘 들어 주고 아이가 잘 선택할 수 있게 도
와주는 것이 양육자의 몫이라고 생각하기 때문입니다.

해인이에게는 또 다른 고백 사건이 있었습니다.

"엄마~~."

"왜? 무슨 일이야!!"

"엄마!! 나 오늘 창피해 죽는 줄 알았어."

"왜?"

"이사 간 △△ 알지? 걔가 엄마 차를 타고 와서 학교 앞에서 내렸어.
그러더니 갑자기 한 손을 들어서 나를 못 지나가게 하는 거야. 그러더
니 나한테 사랑한대. 미친 거 아냐?"

"음, 해인아, 좋아하는 감정을 미친 거라고 표현하는 건 좀…….'

"아니, 엄마, 다른 방법도 있잖아. 그냥 조용히 말할 수도 있는데 등교
할 때 사람들 얼마나 많은지 엄마도 알지? 그리고 횡단보도에 동네 이
모들도 두 명이나 있고, 애들 데려다주는 어른들도 많은데…… 나 정

말 창피했다고."

"그래서 △△에게 뭐라고 했어?"

"아무 말 안 했어. 그냥 도망갔거든."

"그래도 해인아, 그 친구는 정말 용기 내서 말한 걸 거야."

"엄마, 무슨 일이든 상대방의 입장도 생각해 주면 좋겠어!!"

저는 해인이의 이야기를 들으면서 △△가 로맨스 드라마를 너무 많이 봤나? 하는 생각도 들었습니다. 초등학생이 하기에는 다소 거친 행동이라는 생각이 들었거든요. 물론 저의 편견일 수도 있습니다.

해인이처럼 아이가 집에 와서 이런 이야기를 할 때는 우리 아이의 감정뿐 아니라 상대방 아이의 감정도 잘 읽어 주시고, 제대로 거절하는 방법과 승낙하는 방법을 알려 주세요. 그리고 너희들이 사귄다고 표현하는 것이 어떤 것인지 아이의 생각을 들어 보고 그것이 좋은 느낌인지, 나쁜 느낌이었는지, 아이 입장에서 스킨십의 기준은 무엇인지 이야기를 나누며 적절한 기준을 세울 수 있도록 도와주세요.

초등학생의 스킨십과 이성 교제

어느 순간 우리 아이가 다 큰 것 같은 기분이 들 때가 있습니다. 내 품 안의 자식이었는데, 이성 친구에게 관심을 가지고 있는 아이를 보고 있노라면 기특하기도 하면서, 아쉬운 마음도 크죠. 한편으로는 아이들의 연애가 걱정되는 것도 사실입니다.

제가 본 초등학생들의 연애란, '남들이 다 하니 나도 해 보고 싶은 것' 같은 느낌이랄까요? "우리 반에 다섯 커플이나 있어요" 라는 말 속에는 '그 안에 저도 들어가고 싶어요'라는 뉘앙스가 담겨 있거든요. '누가 고백만 해 봐, 내가 꼭 사귈 거야!'의 의미도 있습니다. 이럴 때 저는 꼭 물어봅니다. "정말 좋아? 정말 좋으면 사귀어도 되지! 그런데 정말 좋아하지 않는데, 그냥 유행처럼 사귀는 거라면 어떨 것 같아? 오래갈 수 있을까? 사귄다고 단순히 좋아하는 마음이 생길까?" 즉, 반드시 좋아하는 감정이 있어야 사귈 수 있다는 것을 알려 줍니다. 좋아하지도 않는데 그냥 사귀는 것은 사람과 사람 사이의 예의가 아니지 않을까요? 사귄다는 것은 친구보다 더 특별한 존재가 되는 것이니 말입니다.

양육자 분들에게 꼭 당부드리고 싶은 것 중 하나는, 간혹 "여자가 무슨 고백이야. 남자 친구가 고백할 때까지 기다려"라며 자신의 감정을 표현하려는 여자아이들을 막지 말라는 것입니다. 고백 같은 감정 표현은 여자든 남자든 성별에 상관없이 할 수 있는 것입니다. 여자아이는 누군가의 선택을 기다려야 하는 수동적인 존재가 아니니까요. 그렇기에 성별에 상관없이 승낙할 때는 정말 "응! 좋아"라고 당당하게 이야기할 수 있어야 하고, 거절할 때는 "나는 아직 네가 친구로 생각돼서 사귀는 것은 아닌 거 같아"라고 상대방을 탓하지 않고 자신의 상황과 감정을 잘 표현할 수 있어야 합니다.

또한 아이들은 거절을 받아들이는 것도 잘해야 하는데요. 이 거절이 좋아하는 의사를 표현한 것에 대한 거절일 뿐이지 자신을 비난하는 것이 아니라는 것을 알려 줘야 합니다. 옛말에 그런 말이 있죠. '열 번 찍어 안 넘어가는 나무 없다'. 이제는 한 번 거절하면 거절을 거절로 받아들여야지, 열 번 고백하면 스토커 같은 행동이자 상대방에겐 폭력일 수 있다는 것을 알아야 합니다.

어른이 생각하는 건전한 이성 교제를 아이들에게 강요하는 것이 아니라, 아이들 스스로 기준을 만들 수 있도록 가르쳐 주고 자신의 결정에 따른 책임에 대해 알려 주는 것이 초등 성교육에서 꼭 필요한 부분입니다.

저는 아이들과 드라마나 영화를 볼 때가 성교육의 적절한 타이밍이라고 생각합니다. 간혹 텔레비전에서 키스 신이나 베드 신이 나오면 "에구~" 하면서 채널을 돌리시는 양육자 분들이 많습니다. 그럴 경우 키스나 스킨십이 아이들은 좋지 않은 것, 숨겨야 되는 것이라고 생각할 수 있습니다. 키스 신이 나올 때 저는 아이들의 표정을 보고 어떤 느낌인지 물어보기도 하고, 언제 할 건지 물어보기도 합니다. 그리고 한마디 추가하죠. "네가 말한 걸 지키면 좋겠다. 엄만 널 믿어"라고 말입니다. 베드 신이 나올 때도 실제 연인이나 부부는 자주 싸우는데 왜 저 사람들은 서로 사랑할 거라고만 생각하는지, 저 장면에서 저 두 사람이 책임져야 하는 것은 무엇인지에 대한 이야기도 나눕니다.

이따금 제 교육을 듣는 아이들이 물어봅니다. "선생님, 건전한 이성 교제가 뭐예요?" 그러면 저는 이렇게 대답합니다. "그건 사람마다 다르지 않니? 나와 너희들의 담임 선생님 생각이 다르고, 담임 선생님과 엄마의 생각은 또 다를걸? 건전한 이성 교제의 기준을 알려 주면 그렇게 할 거니?"라고 말입니다. 우리가 가르쳐

쥐야 하는 건 이성 교제에 대한 기준과 규칙이 아니라, 아이들 스스로 이성 교제에 대한 기준을 만들 수 있는 힘입니다.

＼ ＼ ／ ／ 함께 읽으면 좋은 책 ＼ ＼ ／ ／ ＼

《달콤한 사물함》 (강인영 외, 그린북): 표제작 〈달콤한 사물함〉은 편지로 진심을 전하는 사물함 고백을 둘러싼 기분 좋은 설렘과 갈등이 담겨 있다. 고백하는 데 남자, 여자가 어디 있냐며, 고백도 학교생활에도 솔직한 당찬 아이들의 모습이 인상적인 동화.

엄마, 초등학교 3학년이 뽀뽀해도 돼?

#스킨십 #뽀뽀 #책임 #가치관

해인이가 3학년 때였어요. 추석을 앞두고 시가에 내려가던 길에 해인이가 이렇게 묻는 것이었습니다.

"엄마, 초등학교 3학년이 뽀뽀해도 돼?"

"해인아, 왜 그런 질문을 하는지 물어봐도 돼?"

"아니, 그냥 초등학교 3학년이 뽀뽀해도 되는지 궁금해서……."

"누나, 엄마가 맨날 얘기하잖아. 책임질 수 있냐고!"

"그러니까 책임이 뭔데?"

"해인아, 네 생각은 어때?"

"모르겠으니까 엄마한테 물어보는 거잖아. 엄마도 몰라? 나는 하면 안될 것 같은데, 왜인지를 모르겠어."

"미르야, 그럼 네가 생각하는 책임은 뭐야?"

"아, 몰라! 엄마가 어떤 행동을 할 때는 책임질 수 있는지를 먼저 생각하라면서!"

"자, 그럼 해인아 뽀뽀를 왜 할까?"

"좋아하니까."

"그럼 친구들은 뽀뽀를 어디서 할까?"

"아파트 계단에서 숨어서 한다고 하던데?"

"숨어서 하는 것은 옳다고 생각해서 그러는 걸까? 아니면 옳지 않다고 생각해서 그러는 걸까?"

"옳지 않고, 남에게 보이면 안 되니까……."

"옳지 않은 일을 숨어서 몰래 했는데, 네가 그걸 알고 있네?"

"아니, 엄마, 우리 반 애들이 다 알아."

"그런 것을 소문이라고 해. 소문난 것에 대해 그 친구들은 어떻게 생각해?"

"싫어해. 누가 이야기했는지 범인을 잡을 거라고 했어."

"그 친구들이 기분이 나빴구나. 해인아, 책임이라는 것은 그런 거야. 그 친구들이 한 일이 소문이 났고, 그것 때문에 기분이 나쁜 것도 본인이 책임져야 하는 것 중 하나야. 그리고 만약 둘이 좋아해서 방과 후 수업을 빠지고 논다면, 엄마한테 혼나는 것도 또 성적이 떨어지는 것도 그 친구들이 책임져야 하는 것들 중 하나인 거야."

"소문을 듣고 기분이 나쁜 것까지도 나의 책임인지는 몰랐어. 엄마, 난 초등학교 졸업할 때까지는 뽀뽀 안 할래!"

강의 때 몇몇 양육자들에게 앞의 상황과 똑같은 질문을 자녀에게 받았다고 한다면 어떻게 하시겠냐고 질문했더니, 대부분 "안 돼!" 또는 "스무 살까지는 안 돼요!"라고 답했습니다. "왜요? 왜 안 되는지 어떻게 설명하실 거예요?"라고 물으면 그건 모르겠다고 하십니다.

아이들에게 무조건 하지 말라고 하면 아이들이 납득하기 어렵습니다. 특히 "스무 살이 되면 그때 연애하렴"이라고 말하는 가정의 아이들은 언제 연애를 하더라도 부모에게 솔직해지기 어렵습니다. 연애를 하면 기쁜 일도 있고, 슬픈 일도 있고, 힘든 일도 생깁니다. 하지만 부모에게 말하지 않고 숨기게 되면 정작 무슨 일이 생겼을 때 아이가 겪은 일을 알지 못해 부모가 손을 잡아 주기 어렵게 됩니다. 또 하나, 스무 살이 되어 첫 연애를 하게 된다면 정말 좋은 이성을 만날 수 있다고 생각하시나요? 아이가 단 한 번의 연애도 해 보지 않아서 어떤 사람이 좋은 사람인지 알 수 없다면 연애에 더 크게 실패할 것이라는 생각은 안 드시나요?

부모가 "해도 된다", "하면 안 된다"라고 아이에게 말하다 보면 이해와 공감 없이 자칫 수동적으로 사는 아이로 만들 수 있습니다. 부모와 사이가 좋지 않다면 부모가 이야기하는 것을 반대로

하며 반항을 시도할 수도 있겠죠. 그렇기에 우리는 아이 스스로 '아! 이건 하면 안 돼', '이건 궁금한데?'라고 자신만의 가치관을 세울 수 있도록 도와주어야 합니다.

본인의 기준이 명확한 아이로 키우고 싶다면, 부모의 의견을 "하지 마!", "안 돼!"처럼 단답형으로 전달하지 말고 아이의 의견을 물어보고, 아이의 생각을 들어 주고, 그 생각 안에서 옳고 그름을 찾아가도록 안내해 주어야 합니다.

내 사진 지워 줘, 별로야

#사진 #불법촬영 #SNS #배포 #유포 #동의

최근 부쩍 해인이와 미르는 사진을 찍을 때 예민해졌습니다. 불법 촬영과 유포에 관한 이야기를 자주 나눴거든요.

"여기서 사진 한 장 찍자."

"엄마, 난 여기 별로야."

"그럼 해인이 빼고, 미르만 찍자."

"엄마, 우리 뒷모습 찍을 때나 노는 모습을 찍을 때도 찍는다고 이야 기해 줘."

"알았어~."

제가 SNS에 올릴 사진을 고르고 있으면, 아이들은 제 옆으로 쪼 르르 다가와 찍은 사진을 하나하나 확인하고 이야기합니다.

"엄마, 오늘 여행 가서 찍은 사진 보여 주세요."

"엄마, 내 사진 중에 이건 지워 줘. 나 눈 감았어."

"엄마, SNS에는 어떤 사진 올릴 거야? 누구누구 보는 SNS야?"

"할머니 할아버지에게 보내는 건 오케이. 근데 이모들한테 보내는 건 싫어."

양육자들은 내 아이의 사진을 언제 어디서나 찍습니다. 키즈 카페에서 놀고 있는 우리 아이와 아이 친구들의 사진을 자연스레 찍어서 단톡방에 공유합니다. 그뿐인가요? SNS에 올리기도 합니다.

하지만 아이에게도 초상권이 있다는 것을 잊지 않으셨으면 좋겠습니다. 또한 아이가 성장한 후에 자신의 모습이 SNS에 돌아다니는 것을 원하지 않을 수도 있습니다. 우리가 귀엽다고 올린 사진이나 웃겨서 올린 사진이 아이에게는 수치심을 줄 수 있습니다. 특히 아이들은 자신의 카카오톡 프로필을 자신의 사진으로 해 놓지 않는데 정작 양육자들의 카카오톡 프로필이 아이 사진으로 되어 있는 경우가 많습니다.

최근 디지털 성범죄는 날이 갈수록 진화하고 있어서 양육자들이 별생각 없이 올린 아이 사진이 범죄용 또는 협박용으로 사용되기도 합니다.

부모가 SNS 계정 등에 아이 사진을 올리는 것이 나쁜 행동은 아닙니다. 하지만 아이의 동의를 받을 수 있다면 최대한 아이의 동의를 받고, 동의를 받을 수 없다면 이 사진을 올려도 괜찮을까, 라고 한 번 더 생각해 주세요. 이번 기회에 우리 가족의 사진과 영상 촬영에 대한 규칙을 정해 보는 것은 어떨까요?

Part 6

폭력

너 나 좋아하냐?

#놀이 #장난 #학교폭력

학교에 다녀온 해인이가 뭐에 단단히 화가 났는지 저를 보더니 신경질적으로 말했습니다.

"엄마, 남자애들이 날 너무 괴롭혀. 짜증 나!"
"해인아, 한번 물어봐. 너 나 좋아하냐고. 관심 있냐고."
"엄마, 그게 무슨 말이야. 나 괴롭힌다니까. 날 싫어해서 그런 거 아냐?"
"한번 엄마가 시키는 대로 해 봐. 뭐라 그러는지 엄마한테 이야기해 줘."

다음 날, 학교에서 돌아온 해인이가 어제와는 사뭇 다른 표정으로 웃으며 말했습니다.

"엄마, 그 애가 오늘도 나한테 장난치길래 나한테 관심 있냐고 물어봤어."

"그랬더니 뭐래?"

"'아, 뭐래' 이러면서 그냥 가더라."

"그냥 갔어? 관심 있냐는 말은 듣기 싫은가 보네, 그렇지?"

"엄마, 그런데 나도 걔가 나한테 관심 있는 거 싫어."

"그래? 그런데 해인아, 하나만 기억해. 네가 그 아이가 장난친다고 하는 건 진짜 장난일 수도 있지만, 그 장난이 폭력이 될 수도 있어. 그건 장난이 아니라 폭력이야."

"엄마, 장난이 폭력이 되기도 해?"

"그럼, 물론이지. 예를 들어 같이 놀면서 어깨동무를 하다가 살짝 헤드록을 했어. 그건 너희들끼리도 깔깔거리면서 웃고 노는 거잖아."

"남자애들이 자주 해."

"근데 만약 힘이 센 남자 친구가 별로 친하지 않은 약한 친구에게 헤드록을 하면 그 친구는 어떨까?"

"좀 무서울 수도 있을 거야."

"맞아, 그거야. 장난처럼 보이더라도 실은 그렇지 않은 관계일 수도 있는 거지. 장난을 좋아하는 친구와 장난을 싫어하는 친구가 부딪칠 때도 그렇고. 나는 친하다고 생각하는데 상대방은 친하지 않다고 생각하면 관계 안에서 용납이 되는 것이 다르기 때문에 상대방이 '싫어!'라고 말하는 순간, 그만해야 하는 거야. 그러지 않아서 벌어지는 일들은 그 어떤 말로도 변명이 되지 않아."

"그러니까 엄마는 내가 장난으로 받아 줄 수 있는 것은 장난이지만, 내가 싫어하는 것을 누군가가 자꾸 하거나 그만하라는데 그만하지 않는 것은 폭력이라는 거지?"

"정답이야! 그리고 남자아이들이 여자아이들을 때리는 것만 폭력이 아니야. 여자아이들이 남자아이들을 때리는 것도 폭력이야. 나는 약하니까, 나는 여자니까 남자아이들을 때려도 된다는 것은 없어. 폭력은 누가 해도 폭력이야."

"아, 나 오늘 나한테 장난친 애 때렸는데⋯⋯."

"그럼 어떻게 해야 할까?"

"내일 이야기해야겠어. 장난치는 거 싫어서 때렸는데 걔가 아팠다고 하면 사과할까? 그럼 나도 사과하고 그 아이가 나에게 장난친 거에 대해서는 사과받을까 봐."

"좋은 생각이야."

아이들을 키우면서 '남자아이들은 원래 이래, 여자아이들은 원래 그래'라는 편견을 가지고 바라보지는 않으시나요? 남자아이가 괴롭혀서 여자아이가 울면서 오면, 아무렇지도 않게 "쟤가 너 좋아하나 보다"라고 이야기하신 적은 없으신가요?

저도 해인이를 키우면서 이렸을 때는 몇 번 그런 이야기를 한 것 같습니다. 그런데 해인이가 그 어린 나이에도 이렇게 이야기했습니다. "좋아하면 잘해 줘야지, 왜 괴롭히는 건데?" 그 말이 정답입니다. 좋아하는 사람에게는 장난이 아니라 배려하고 친절을 베풀어야 하는 것이죠. 그런데 우리는 아무렇지도 않게 폭력을 장난으로 무마시키고, 그것을 애정으로 바꾸어 버리곤 합니다.

해인이와 이야기를 하던 중에 미르 생각이 나기도 했습니다. 요즘 여자애들이 왜 자기를 때리는지 모르겠다며 툴툴거렸거든요.

"엄마, 여자애들이 날 자꾸 때려."
"네가 뭘 했는데?"
"난 아무것도 안 했는데, 우리 집 알려 달라면서 때렸어."
"엄마가 가서 혼내 줄까?"

"아니야, 장난인데 뭘."

이때도 저는 미르에게 해인이에게 말했던 것처럼 말해 주었답니다. 폭력은 폭력입니다. 폭력은 장난으로 정당화될 수 없습니다. 장난이라고 생각하고 헤드록을 걸었는데 당하는 사람은 폭력으로 여겨서 학교폭력위원회를 소집한 경우, 억울함을 호소하는 학생도 적지 않습니다. 하지만 억울해할 일이 아니죠. 상대방이 싫다고 했을 때 그만하지 않아서, 상대방이 나에 대해 어떤 감정을 가지고 있는지 살피지 않기 때문에 벌어지는 일이라고 생각합니다.

좋아한다고 해서 장난을 쳐도 되고, 그냥 넘어가도 되는 걸까요? 그렇다면 데이트 폭력 역시 괜찮은 걸까요? 우리는 아이들에게 "남자는~", "여자는~" 어때야 한다고 가르칠 것이 아니라 상대방을 존중하고 배려하는 마음을 먼저 가르쳐야 합니다.

엄마, 성폭력이 뭐야?

#성폭력 #성폭행 #2차가해

하루가 멀다 하고 성과 관련된 뉴스가 나오니, 아이들이 성에 관한 이야기는 언제 접해도 이상하지 않은 것이 현실입니다. 그래서인지 저도 모르게 요즘은 아이들과 함께하는 시간에는 뉴스를 잘 보지 않게 됩니다. 뉴스라는 것이 아무래도 사건 사고를 다루다 보니, 좋고 행복한 이야기보다는 어둡고 안타까운 이야기가 많이 나오는 터라 더 피하게 됐던 것 같습니다.

"엄마, 성폭력이 무슨 뜻이야?"

"성폭력?"

"어제 뉴스에도, 오늘 뉴스에도 나오는 것 같아서……."

"성폭력이 궁금하구나. 해인아, 그럼 폭력은 뭐야?"

"누가 나 때리는 거?"

"맞아. 누가 널 일부러 때리는 것을 폭력이라고 해. 네가 싫어하는 것

을 하거나, 너를 따돌리는 것도 폭력이라고 할 수 있어. 네가 싫은데
욕을 막 해. 그만하라고 하는데도. 그럼 그건 무슨 폭력일까?"

"언어 폭력."

"맞아. 그럼 네가 그만하라고 하는데도 지나갈 때마다 몸을 툭툭 치고
가는 건?"

"신체적 폭력."

"때리지도 욕하지도 않지만, 다른 친구들에게 너를 욕해서 마음을 상
하게 하는 건?"

"정신적 폭력?"

"오~ 대단한데? 네가 말한 그런 폭력들이 성적인 것과 결합한 것을 성
폭력이라고 해. 예를 들면 친구들끼리 성적인 이야기를 하는 것도 누
군가는 재미있다고 듣겠지만, 누군가는 불편할 수도 있어. 너희 반에
서 일부 애들이 ㅅㅅ이 뭔지 아는지, 아니면 해 봤는지 물어보는 거 듣
고서 해인이가 엄마한테 그게 뭐냐고 물었었지? 그때 엄마가 섹스를
너희들끼리 초성만 이야기한 거라고 했잖아. 그걸 들었을 때 해인이가
뭐라고 그랬지?"

"짜증 난다고 했어."

"왜 짜증이 났을까?"

"그런 이야기인 줄 몰랐으니까 나를 놀리는 것 같은 기분이었거든."

"맞아. 불쾌한 감정이 들 수 있지. 또 단톡방에 초대되었는데……."

"선생님이 단톡방 만들지 말랬어. 거기서 왕따나 학폭위에 올라가는

일들이 많이 일어난다고."

"맞아. 그런데 친구가 재미있게 본 영상을 단톡방에 올렸어. 그런데 누군가는 원하지 않는 영상이라면 그 사람에게는 어떨까?"

"정신적인 피해를 입을 수 있어."

"우리 지난번에 성관계에 대해서 이야기했지?"

"응."

"누가 해야 한다고 했지?"

"사랑하는 사람끼리. 책임질 수 있을 때, 즐거운 날."

"그런데 모르는 사람이 갑자기 나한테 하면?"

"미친놈이야!!!"

"그걸 성폭력 중에 성폭행이라고 하는 거야. 이제 성폭력이 어떤 건지 알겠어?"

"응."

"해인아, 어린이나 청소년은 자라면서 실수를 저지르곤 해. 그걸 잘 알려 줘야 하는 것이 어른들이 해야 하는 일이야. 하지만 네가 아무런 얘기를 하지 않는다면 엄마도 아빠도 해인이에게 어떤 일들이 일어나고 있는지 알 수 없어. 나중에 알게 되더라도 그땐 이미 일이 너무 커져 있을 수도 있고. 네가 생각할 때 불편한 경험들은 엄마에게 꼭 이야기해 줘."

"알겠어, 엄마."

부모 강의 후에도 이런 질문들이 많습니다. 아이들과 뉴스를 보다가 성폭력이라는 단어가 나와서 아이들이 그 뜻을 물어보면 어떻게 설명해야 할지 모르겠다고 말입니다. 참 어렵죠. '성폭력은 무엇무엇이다'라고 명쾌하게 말해 주면 좋겠는데 자신의 설명이 아이들 눈높이에 맞는 설명인지, 성폭력을 설명하기 위해 성관계까지도 설명해야 하는지 판단이 안 서죠.

저는 폭력에 대해 먼저 이야기하는 것이 아이가 이해하기 훨씬 쉬울 거라고 생각합니다. 요즘 초등학교에서는 가정 폭력, 학교 폭력 등에 대한 교육을 필수적으로 하고 있거든요. 그것을 먼저 설명한 뒤에 폭력에 대한 개념을 어느 정도 알고 있는지 확인하세요. 그리고 아이의 이해도와 나이를 파악해서 너무 과하지 않게 설명해 주시면 됩니다.

단, 이 점을 꼭 주의해 주세요. 2차 가해를 하는 말을 하고 있지는 않는지 말이에요. 예를 들면 "술을 마시고 밤늦게 다니니까 그런 일을 당하는 거야. 그러니까 일찍 좀 다녀", "옷이 너무 야해서 그래. 그런 건 가해자들의 충동을 일으킬 수 있단 말야. 그러니까 너도 옷을 얌전히 입는 건 어때?"처럼요. 제가 발가벗고 광장에 서 있다 하더라도 어느 누구도 저의 몸을 만질 권리는 없습니다. 발가벗고 있다는 자체가 성관계를 하고 싶다는 신호는 아니니까요. 차라리 "엄마 아빠가 너를 너무 사랑해서 걱정되는데, 일찍 다니는 건 어떨까?"로 바꾸어 이야기해 주세요. 옷을 얌전히 입고 다니라는 말은 "네가 짧은 옷을 입고 다니면 그런 일을 당할 수 있는 거야"라는 말과 다르지 않습니다.

성폭력은 전적으로 충동을 참지 못하는 가해자들의 명백한 잘못이라는 것을 알려 주세요. 그리고 혹시 아이가 '남자들은 충동을 못 참는다'는 편협한 생각을 가졌다면, 성별이 아닌 개개인의 잘못된 습관, 인지에 따른 것임을 분명하게 말씀해 주시면 좋겠습니다.

일곱 살도 성폭력을 저질러?

#성폭력 #사과 #학폭위 #강제전학 #가해자 #피해자

몇 년 전, 일곱 살 아이들의 성교육을 진행하고 집에 돌아와 남편과 술 한잔하며 이야기를 하던 중이었습니다. 야식에 탐이 난 미르가 옆으로 와서 앉았지만, 이야기를 끊지 못하고 계속 이어 갔죠.

일곱 살 남자아이와 여자아이는 놀이터에서 같이 엉덩이를 부비다가 동네 엄마들에게 제지당한 뒤 교육을 받으러 온 아이들이었습니다. 저는 성관계 영상을 접하고 따라 한 것은 아닐까 걱정이 됐습니다. 그런데 알고 보니 아이들은 곤충에 대해 배우다가 곤충의 교미 장면을 보고 흉내 낸 것이었습니다. 저는 아이들에게 친구가 하자고 해서 함께 한 다른 친구가 기분이 나쁘지 않았는지 물어보고, 왜 그런 행동을 하면 안 되는지를 설명해 주었습니다. 마침 어린이집에서 일곱 살 아이가 성폭력을 저질렀다는 뉴스가 나오던 때여서 남편과 그 이야기를 함께 하고 있었습니다.

곤충의 세계

무슨
놀이지?

"엄마, 그게 무슨 말이야? 일곱 살이 성폭력을 저지를 수도 있어? 성폭력은 어른들만 저지르는 거 아니야? 일곱 살이 성폭력을 어떻게 저질러?"

"미르야, 폭력이라는 것은 상대방이 원하지 않는데 상처를 주는 거잖아. 그런데 그건 일곱 살이라도 할 수 있지 않을까?"

"그래도 그건 싸우는 거잖아."

"음, 이건 좀 다른데, 미르가 네 친구 소리에게 자꾸 뽀뽀를 한다고 치자."

"엄마! 나 안 그래."

"그러니까 예를 들자면 말이야. 미르가 소리한테 자꾸 뽀뽀를 하는데, 소리가 싫다고 했어."

"그럼 하지 말아야지."

"맞아. 그런데 소리가 싫다고 해도 미르는 자꾸 뽀뽀가 하고 싶어."

"아, 나 안 그러는데……."

"엄마도 알아. 그럼 미르 말고 감자라고 하자."

"좋아. 엄마, 근데 나 진짜 안 그래. 난 남자애들이랑 노는 게 더 좋단 말이야."

"미르야, 엄마가 너한테 설명하려고 하는 거잖아. 잘 들어 봐. 감자가 소리가 싫다고 하는데도 자꾸 뽀뽀가 하고 싶어서 유치원에서 안 보이는 곳에 가서 놀자고 하고는 거기서 뽀뽀를 했어."

"그건 나쁜 거야."

"맞아. 그건 나쁜 거야. 그런 게 바로 성폭력이야. 그런데 이럴 수가 있어. 감자가 소리에게 뽀뽀를 했는데, 소리가 아무 말도 안 하는 거야. 울지도 않고, 웃지도 않고, 싫어하지도 않는 것 같아. 그러면 뽀뽀를 해도 되는 걸까?"

"엄마! 지난번에 신호등 가르쳐 줬잖아. '안 돼!'는 빨간색. '돼!'는 파란색. '말을 하지 않는 건' 노란색. 노란색은 가지 말아야 하는 거니까 싫다는 뜻이라고……."

"오~ 미르 똑똑해."

"그래도 좀 충격적이야. 일곱 살이 성폭력을 저질렀다는 것이. 나보다도 어린데 말이야."

아이들은 미디어의 영향으로 눈으로 본 것을 따라 할 수 있습니다. 당시 7세 어린이집 성폭력을 고발한 국민청원에서도 아이가 어떻게 저런 행동을 할 수 있느냐며-바지를 벗기고 항문에 손가락을 집어넣고, 다시 성기를 넣고-모두가 술렁였었는데요. 이런이집에서 성폭력을 저지른 7세 아이도, 제가 만난 아이들도 음란물에 노출되어 그런 장면을 보고 따라 한 것은 아닐까 생각했던 것입니다.

그러나 제가 교육했던 아이들은 그 행동이 잘못된 것임을 몰라서 그랬던 것이었습니다. 친구들이 많은 놀이터에서 당당히 하는 행동은 '내가 잘못하고 있다'라는 것을 인지하지 못해서 그러는 경우가 많습니다. 그렇기 때문에 폭력이라기보다는 '아이들의 호기심'으로 생각해 줄 수 있는 것이죠.

하지만 호기심에서 시작된 것이라도 행동이 잘못된 경우에는 '할 수 있는 것'과 '하면 안 되는 것', '경계와 동의'에 관해 꼭 가르쳐 줘야 합니다. 그러나 잘못된 행동은 어린아이라고 해도 숨어서 하는 경우가 많습니다. 앞서 말한 어린이집 성폭력 사건을 기술한 내용 중에는 '아이가 숨어서, 망을 보게 하고'라는 부분이 있습니다. 결국 본인이 잘못을 알면서도 한 것이나 다름없습니다.

자신이 한 행동이 잘못된 행동인지 모르고 한 아이들의 경우, 상대방의 동의를 받았는지 그리고 그 친구의 기분이 어떠했는지 등을 파악하는 것이 중요합니다. 만일 상대 아이가 불편했다면 사과하고 다음부터 그러지 않는 연습, 그리고 상대방 친구 역시 싫은 것을 말하지 못했다면 싫다고 분명히 말해야 한다는 것 등을 교육해야 합니다. 그러나 싫다고 이야기하는데도 지속적으로 괴롭히고 해를 입혔다면 아이가 왜 그런 행동을 했는지 파악하고, 가해자 상담을 받아야 합니다. 피해자에게 진정성 있는 사과도 물론 해야 하죠. 피해자 역시 상담을 받아야 할 것입니다.

여기서 제일 중요한 것은 '진정성 있는 사과'입니다. '내가 잘못했다고 사과하는데, 저 사람은 왜 안 받아 주지?'라고 생각할 문제가 아닙니다. 가끔 우리는 아이들이 싸우면 "사과해", "사과받아 줘", "이제 됐지?"라는 이상한 논법으로 아이들에게 사과와 화해를 강요합니다. 사과라는 것은 피해자가 받아 줄 준비가 되었을 때 하는 것입니다. 열 번을 사과해도 열 번을 다 받아 주지 않을 수도 있습니다. 누군가에게는 한 번의 피해가 영원한 트라우마로 남을 수도 있습니다.

그다음으로 중요한 것은 '부모가 다 해결해 주는 것이 아니라,

아이가 반성하고 해결할 수 있는 기회를 주는 것'입니다. 학폭위 사례를 보면, 학폭위가 열리기 전에 가해 학생이 이사를 가고 전학을 가 버리는 경우가 간혹 있습니다. (2022년부터 가해 학생은 학폭위 전 전학이 금지되었습니다.) 얼굴이 알려지는 것도 싫고, 학폭위가 열리면 어차피 최고 처벌이 전학이니까 미리 가 버린다는 부모도 만난 적이 있습니다. 저는 가해 아이에게는 자신의 잘못을 반성할 수 있는 기회를 줘야 한다고 생각합니다. 물론 그 잘못과 맞닥뜨릴 때 힘들겠죠. 자신을 향한 비난을 받아야 하니까요.

하지만 그런 과정을 거쳐야 아이가 올바르게 살 수 있다고 생각합니다. 한번 크게 혼나 봤으니, 앞으로 이런 일을 저지르지 않겠다, 라고 생각할 수 있는 기회를 주어야 하는 것이죠. 엄마 아빠가 아이를 데리고 사과도 반성도 없이 다짜고짜 이사 가 버린다면 그로 인해 또 다른 폭력이 다시 일어나는 건 불 보듯 뻔해 보입니다.

우리 반 친구가 동생이
오줌 싸는 모습을 찍어서 보냈어

#디지털성범죄 #불법촬영 #카메라 #유포 #몰카 #SNS

"헐, 엄마 오늘 학교에서 들었는데, ○○가 휴대폰 있는 애들한테 자기 남동생 오줌 싸는 사진을 보냈대."

"해인아, 그게 무슨 말이야?"

"몰라. 애들이 막 모여서 보고 있었어."

"그래서 너도 봤어?"

"엄마, 난 미르 오줌 싸는 것도 안 봐. 내가 왜 남의 동생 오줌 싸는 것까지 봐?"

해인이네 반 친구의 남동생이 오줌 싸는 모습이 담긴 사진으로 해인이네 반이 발칵 뒤집혔습니다. 초등학교 2학년 때였기에 대부분 휴대폰이 없어서 많은 아이들에게 보내진 것은 아니었지만, 사진을 받아 본 아이들은 깜짝 놀라거나 재미있다고 웃거나 하는 등 반응이 다양했다고 합니다. 하지만 양육자들은 '이래도 되나?' 하는 염려가 더 컸는지 담임 선생님께 직접 전화를 드린 분도 있었다고 합니다. 여러분은 어떠신가요?

최근 디지털 성범죄와 관련해서 가장 많이 나오는 뉴스는 바로 '불법 촬영'입니다. 불법 촬영은 타인의 허락을 받지 않고 찍은 모든 영상물을 의미합니다. 즉, 옷을 벗고 촬영된 것뿐만 아니라, 옷을 입고 있더라도 상대가 동의하지 않은 모든 영상물이 여기에 해당됩니다. 뉴스에 나오는 이야기는 카메라로 상대방의 신체를 불법 촬영 한 것, 그리고 유포하는 것까지 일련의 과정을 두루 포함합니다. 뉴스로 접했을 때는 이 소식들이 심각하게 다가왔을 거라고 생각합니다.

그러나 우리의 일상을 잘 살펴보세요. 아이들의 노는 모습을 어른들은 아이들 허락을 받지 않고 자연스럽게 촬영합니다. 그리고 함께 찍힌 아이들의 양육자들에게 그 사진을 자연스럽게 보내 줍니다. 하지만 일상생활에서도 사진을 촬영하고 유포할 때에

는 사진에 찍힌 당사자에게 물어보고 허락을 받는 일련의 과정
이 필요합니다. 저 역시 이런 부분에 예민하다 보니, 한마디 상의
도 없이 저희 가족의 사진이 공개적으로 인화되어 전시되어 있
는 것을 보고 화가 나서 그 사진을 떼어 달라고 요청하면서 유난
스럽다는 이야기를 들은 적이 있습니다. 하지만 그게 과연 유난
스러운 것일까요?

디지털 성범죄 가해 학생을 대상으로 아하서울시립청소년성문화센터에서 조사한 바에 따르면, 아동·청소년의 96퍼센트가 '디지털 성범죄를 범죄라고 생각하지 못한다'라고 대답했습니다. 그 중 21퍼센트가 큰일이라고 생각하지 못해서, 19퍼센트가 재미 또는 장난, 19퍼센트가 호기심 때문이었습니다. 그리고 이들 중 43퍼센트는 불법 게시물을 전송하거나 요구하는 행위를 한 가해 학생, 19퍼센트가 카메라 등을 이용한 촬영을 한 가해 학생입니다.

손에 스마트폰을 쥐어 든 그 순간부터 누군가를 찍거나 자신의 모습이 찍히는 것에 익숙한 청소년들은 그에 따른 교육을 제대로 받지 못했습니다. 게다가 최근 예능 프로그램들 중에는 연예인의 일상을 자연스럽게 보여 주는 것들이 많습니다. 잘 생각해 보면, 집 안 곳곳 어딘가에 카메라를 설치해 그들의 일상을 우리가 자연스럽게 엿보고 있는 것과 별반 다르지 않은 것입니다. 물론 예능 프로그램의 경우, 촬영에서부터 방송이 나가는 것까지 모두 동의를 얻고 진행하는 것이지만, 우리의 일상에서는 동의와 허락이 빠져 있는 것입니다.

가해 학생은 "그저 장난일 뿐 나쁜 의도는 없었다"라고 쉽게 이야기할 수 있습니다. 그렇지만 과연 피해 학생에게도 단순히 "그저 장난일 뿐 나도 즐거웠다"일 수 있을까요? 다시 한번 아이들에게 '동의'와 '허락'을 가르쳐야 할 때입니다.

야동은 야구 동영상 아니었어?

#야동 #동영상 #음란물 #피해촬영물 #야툰

해인이의 영어 학원 친구인 라이언이 집에 놀러 온 날이었습니다.

"이모, 저랑 해인이가 야동을 본다고 하니까 친구들이 막 놀렸어요."

"너희들이 야동을 본다고?"

"아니, 야구 동영상이요. 저는 KT 팬이고, 해인이는 삼성 팬이거든요."

"근데?"

"어제 집에서 야동 봤다고 했더니, 친구들이 둘이 같이 야동을 봤냐고 했어요. 그래서 우리 둘이 같이 봤는데? 라고 이야기했더니 야동이 야구 동영상이 아니라고, 애들이 야동은 야한 동영상이래요. 근데 이모, 야하다는 게 뭐에요?"

"그러게. 사람마다 야하다는 것의 의미가 조금 다르긴 하지. 우리 사전을 찾아볼까?"

"'야하다'는 천하고 아리땁다. 깊숙하지 못하고 되바라지다, 라고 나

238

와 있어요. 그게 무슨 말이에요?"

"엥? 그렇게 나와 있어? 그럼 음란물은 뭐라고 나와 있어?"

"'음란물'은 음탕하고 난잡한 내용을 담은 책이나 그림, 사진, 영화, 비디오테이프래요. 음탕하고 난잡하다는 건 무슨 말이에요?"

"이모가 다시 설명해 줄게. 만일 라이언이 엄마가 샤워하고 옷을 입지 않은 채로 나온 모습을 봤어. 그럼 그건 야하니? 아니면 좀 불쾌해?"

"엄마가 속옷을 안 가져가서 그럴 때도 있지만, 그게 막 불쾌하진 않았어요."

"맞아. 그런데 라이언이 모르는 누군가의 알몸을 영상이나 사진으로 봤어. 그럼 그건?"

"그건 야하다고 할 것 같아요."

"그게 사람마다 다를 수도 있을까?"

"다를 수도 있는 것 같아요."

"알몸뿐만 아니라 알몸인 남녀가 성관계를 하고 있는 영상이나 함께 목욕을 하고 있는 영상은?"

"그런 영상이 있다고요? 그런 걸 제 친구들이 본다고요? 애들은 어떻게 알았지?"

"그런 영상이 있어. 그리고 그런 영상을 보는 친구들도 있지. 그렇지만 그런 영상을 보면 라이언은 느낌이 어떨까?"

"아, 좀 이상할 것 같아요. 이모, 이렇게 이야기해도 되는지 모르겠는데, 좀 더러워요."

"응. 그런 느낌이 들 수도 있어. 그러니까 이모는 라이언이 친구들이 말하는 야동을 안 보면 좋겠어. 그리고 보지 말아야 할 이유도 있단다."

야구 시즌에 우리 집에 자주 놀러 오는 라이언은 저에게 이런 질문들을 쏟아 냈답니다. 여러분은 '야동'이 올바른 표현이라고 생각하시나요? 〈거침없이 하이킥〉에서 이순재 씨가 '야동 순재'라는 타이틀을 달고 나오며 한층 친숙해진 표현이 되어 버린 야동이란 단어는 아이들에게도 재미있는 표현이 되어 버린 지 오래입니다. 그런데 제가 라이언에게 말한 것과 같이 사람마다 '야하다'의 의미는 매우 다릅니다. 실은 저 역시도 이런 영상을 무엇이라고 불러야 올바른지에 대해 매 순간 고민합니다.

내용에 상관없이 야동이라는 표현으로 얼렁뚱땅 넘기고 말면 그만일까요? 또, 사전에 정의된 음란물의 의미는 맞는 것일까요? 야동이라는 이름을 붙이고 나오는 영상 중에 과연 불법 촬영물은 없을까요?

아이들이 음란물을 접하는 순간, 아이들은 굉장히 충격적인 장면을 보게 될 수 있습니다. 그 장면은 아이들의 기억 속에 오랫동안 남아 있겠죠. 마치 처음 공포 영화를 보던 순간처럼 말이죠. 그러한 장면들이 무서워 공포 영화를 보지 않는 사람도 있지만, 그것이 주는 긴장감 때문에 공포 영화를 즐겨 보는 사람도 있습니다.

음란물도 마찬가지입니다. 너무 충격적이어서 두 번 다시 안 보고 싶은 아이들도 있지만, 눈을 감으면 생각나는 장면들과 내 몸의 신체 변화, 설레는 장면들로 인해 지속적으로 음란물을 보는 아이들도 있습니다. 공포 영화 마니아가 점점 더 무서운 것을 찾는 것처럼, 음란물에 중독되면 점점 더 이상한 것을 찾게 됩니다. 머릿속이 온통 음란물 생각으로 가득 찬다면 성폭력을 저지를 수 있는 발판이 될 수도 있습니다.

음란물 중에는 불법 촬영물이 있을 수 있다는 사실도 기억해야 합니다. 불법 촬영물에는 반드시 피해자가 있습니다. 여기서 잠깐! 찍는 것에 동의했다고 해서 그것이 불법 촬영물이 아니라는 것은 아닙니다. 찍는 것은 동의했어도, 유포되는 것에 동의하지 않았다면 그것은 불법 촬영물입니다. 더 정확하게 말한다면 피해 촬영물입니다. 우리가 그 영상을 보는 순간, 우리도 가해의 한 축에 서서 가해를 저지르는 잠재적 가해자가 되는 것입니다. 불법 촬영물을 즐기는 잠재적 가해자가 많아질수록 불법 촬영물은 손 쓸 틈 없이 점점 더 확산될 것입니다. 결국 우리의 자녀가, 내가, 내 이웃이 촬영물의 피해자가 될 수도 있다는 것을 꼭 기억해야 합니다.

음란물 외에도 아이들이 야한 만화(흔히 '야툰')를 보는 문제로 고민하는 양육자 분들이 많습니다. 야한 만화는 왜 보면 안 될까요? 일단 제목들을 생각해 보면 답이 나옵니다. 인터넷 포털 사이트에서 뉴스 기사를 클릭하다 보면 이런 만화를 홍보하는 광고가 계속해서 뜹니다. 제가 요즘 가장 많이 본 광고 속 만화 제목에는 'A급 며느리', '이모', '형수'가 들어가 있었습니다. 'A급 며느리'는 대상이 누구인가요? 시아버지와 며느리겠죠? 제목에 '이모'가 들어간 만화는 이모와 조카, '형수'가 들어간 만화는 도련님과 성적인 관계를 맺는 내용입니다.

온 가족이 파국인 설정 안에 사랑이 어디 있고, 멜로가 어디 있단 걸까요? 모든 관계를 갈갈이 찢어 놓은 만화를 우리 아이들이 본다면 어떤 상상을 할까요? 현실에서 일어나면 범죄인 장면들이 로맨스, 멜로라는 이름으로 그려지고 있다는 사실, 여기에 중독이 된 아이들은 현실에서도 그런 상상을 한다고 생각하면 그야말로 끔찍하지 않나요?

'남자아이들은 음란물을 봐도 되고, 여자아이들은 음란물을 보면 안 된다'라는 편견에 대해서도 다시 한번 생각해 주셨으면 좋겠습니다. 남자아이들이 음란물을 보는 것을 당연시하는 것, 그것부터 바꿔 나가는 것이 양육자의 몫입니다.

카톡, 아직 필요 없어!

#키즈폰 #스마트폰 #카톡 #오픈채팅 #사이버폭력 #SNS중독 #스마트폰사용규칙

해인이와 미르는 키즈폰을 쓰지만, 올해는 큰 맘 먹고 해인이에게 이야기했습니다.

"해인아, 너는 카카오톡 필요 없어?"

"왜? 키즈폰이라 카톡 안 깔리잖아."

"아니야. 깔리는데 엄마가 안 깔아 준 거야."

"근데 왜?"

"네가 6학년이 되는 기념으로 엄마가 생일 선물로 카톡을 깔아 줄까 해서."

"나 아직 필요 없는데? 문자나 전화로 연락하면 돼."

"그래. 생일 선물이니까 생각이 바뀌면 이야기해 줘."

그때는 이렇게 이야기했지만 생일이 오기도 전에 해인이는 카

카오톡을 깔아 달라고 말해서, 해인이의 생일 선물은 카카오톡으로 대신했답니다. 그러자 미르가 자기도 카톡을 깔아 달라며 조르더군요. 결국 가족회의를 열었답니다.

"미르가 카톡을 깔고 싶다고 해서, 가족회의를 열게 되었어. 어떻게 생각하시나요?"

"아빠 해인이 의견이 제일 중요한 것 같은데. 해인이 생각은 어때?"

"난 반대야! 미르는 나 때문에 키즈폰도 1년이나 일찍 가졌는데, 나도 아직 깔지 않은 카톡을 깔아 달라고 하는 건 좀 불공평한 것 같아. 1년 뒤에 다시 안건을 냈으면 좋겠어."

"엄마랑 아빠도 그렇게 생각해. 미르야, 내년에 다시 이야기하자."

여러분의 가정은 어떤가요? 가끔 초등학교 1학년 아이가 최신 폰을 자랑하며 들고 오는 것을 보면 저는 조금 걱정이 됩니다. 우리는 글자를 가르칠 때 연필 잡는 것만 수개월에 걸쳐서 가르칩니다. 연필을 잡는 것부터 힘을 주는 것까지 세세하게 가르치죠. 하지만 연필보다 수많은 기능이 있는 스마트폰은 어떤가요? 그냥 휙 주지는 않으셨나요? 아이들이 부모보다 더 많은 기능을 알고 사용할 줄 압니다. 스마트폰을 주는 순간, 부모와 더 많은 싸움이 일어나는 것은 말할 것도 없습니다. 조금 더 쓰겠다, 안 된다, 제약을 풀어 달라, 싫다, 하면서요.

특히 아이들이 처음 접하는 SNS인 모바일 메신저 서비스(대표적인 예로 카카오톡) 안에서는 폭력적인 일들이 많이 일어납니다.

예를 들면, 아이들이 단체 채팅방을 만들어 한 아이를 왕따시키고 모두 나가 버린다거나, 단체 채팅방에 들어가기 싫은 아이를 계속 초대해 욕설이나 성적으로 비하하는 말을 하는 등 사이버 폭력이 일어날 수 있습니다. 모르는 사람과 쉽게 채팅할 수 있는 환경이 조성된다는 점도 알고 있어야 합니다. 채팅 상대가 동갑이라고 해도 실제로는 성인일 수 있습니다. 아이들은 자기들끼리 알아서 잘 사용하고 있다고 말하지만, 상대와 친밀해진 뒤에 채팅을 그만두게 하는 것은 쉽지 않습니다. 또 오픈 채팅방에서 만난 사람을 만나러 나가는 경우에는 더 위험할 수 있습니다.

저희 집에는 저희 가족만의 스마트폰 사용 규칙이 있습니다.

1. 스마트폰은 중학교 입학 선물로 사 줄 것

빌 게이츠도 자신의 아이에게는 열네 살이 돼서야 스마트폰을 주었다고 합니다. 판단력과 분별력이 생기는 시기부터 스마트폰을 사용해야 한다고 판단했기 때문이지요.

그리고 아이들의 스마트폰은 최신 폰이나 부모의 폰보다 더 비싼 폰으로 사 줄 수는 없습니다. 그것은 노동을 해서 돈을 버는 사람들의 특권입니다. 이렇게 이야기하면 가끔 "우리 엄마는 일 안 해요!"라고 말하는 친구들도 있습니다. 아마 엄마가 전업주부이신 듯합니다. 하지만 가사 노동도 노동이고, 2019년 통계청에서 발표한 가계 생산 위성계정(무급 가사 노동 가치 평가)에 따르면 연간 여성 1인의 무급 가사 노동의 가치는 1,380만 2,000원입니다. 엄마가 정말 가정에서 일을 안 하면 어떤 일이 벌어지는지도 알려 줄 필요가 있습니다.

2. 스마트폰의 비밀번호는 공유할 것

스마트폰을 몰래 보겠다는 의도가 아니라, 아이에게 어떤 일이 생기면 스마트폰에서 원인을 찾을 수 있기 때문에 만든 규칙입니다. 키즈폰도 비밀번호는 공유하고 있습니다. 이 비밀번호를 어딘가에 적어 놓거나, 기억하지는 않습니다. 다만, 훗날 스마트폰을 사용할 때도 공유에 대한 규칙을 만들기 위한 사전 대비 장치랄까요.

3. 스마트폰에 중독되어 있는 것 같을 때, 양육자는 빼앗을 권한이 있다

스마트폰을 가지는 것은 아이들의 인권이 아닙니다. 이게 언제부터 인간의 권리가 되었는지 저는 잘 모르겠습니다. 아이들은 스마트폰을 검열하는 것이 인권 침해라고 생각하는 것 같습니다. 그러나 그에 앞서 양육자는 아이들을 안전하게 키워야 하는 책임이 있습니다. 스마트폰에 중독되어 있을 때 아이에게서 스마트폰을 빼앗는 것은 그 책임을 다하는 것뿐입니다.

아이들이 온전히 스마트폰을 가질 수 있는 권리를 얻는 때는 본인이 돈을 벌어서 스마트폰을 사고, 본인이 요금을 낼 때라고 저는 아이들에게도, 양육자 교육에서도 이야기합니다. 이렇게 말하면 어떤 아이들 중에는 어른들이 준 용돈으로 사겠다고 합니다. 조부모가 준 돈이나 다른 어른들이 준 돈은 양육자가 다시 되갚아야 하는 돈이므로 아이 소유가 아닙니다.

그 밖에도 이어폰을 끼고 걷지 않아야 한다는 것, 화면을 보면서 걷지 않아야 한다는 것 등 아직 스마트폰이 없는 해인이와 미르에게 제가 얼마나 많은 잔소리를 하고 있는지 모릅니다. 가끔은 조금 미안해져서 이렇게 말합니다. "미안해. 엄마가 너무 많은 이야기를 듣고 상담을 하다 보니까 잔소리가 많네. 너희가 스마트폰을 가지게 되면 잘할 거라 믿지만, 엄마가 이렇게 말하는 건 너희들이 안전하길 바라는 마음 때문이니까 이해해 줘. 그리고 고마워. 엄마 아빠 말 잘 들어 주고, 존중해 줘서"라고 말이죠.

.

아이에게 스마트폰을 사 주기 전 주의사항

첫째, 부부가 함께 동의한 후 스마트폰을 사 줄 것

상담을 가 보면 아빠가 또는 할머니가 아이들의 선물로 척척 스마트폰을 사 주시고, 관리는 해 주지 않으시는 경우가 많습니다. 관리는 대부분 엄마의 몫으로 돌리는 경우가 많은 편입니다. 엄마는 사주지 말라고 했는데, 아빠가 사 와서 아빠가 밉다는 결론으로 끝나는 이 같은 상담은 아이에게 스마트폰을 사 줌으로써 SNS 중독, 음란물 중독, 게임 중독 등 많은 문제가 일어나게 되었을 때 진행됩니다. 이런 경우 아이의 스마트폰 사용이 문제가 아니라, 양육자 간의 조율이 더 필요한 경우가 많습니다.

둘째, 패밀리 링크로 관리해 줄 것

스마트폰은 아이들이 유일하게 중독될 수 있는 물건입니다. 과도한 스마트폰 사용은 시력 저하, 자세 불균형, 수면 장애, ADHD, 폭력성 발현 등 부정적인 영향이 미치지 않는 곳이 없습니다. 최근 각 지자체에서 스마트폰 중독 관련 센터들을 설립해 놓은 것을 보면 이미 심각한 사회 문제로 인식되고 있는 것입니다.

따라서 아이가 스마트폰에 중독되지 않도록 사용 시간이라든가 사용하는 앱 등 최소한의 것이라도 관리할 수 있어야 합니다. 아이들이 무심코 사용하는 오픈 채팅이나 타인과 위치를 공유하는 앱 등은 위험할 수 있기 때문입니다. 이때 양육자는 안드로이드 기반 운영 체제를 사용하는데 아이들은 애플의 아이폰을 사용하면 관리가 어렵습니다. 그러므로 관리가 필요한 시기까지는 동일한 운영 체제를 사용하는 기기를 선택하는 것이 중요합니다.

셋째, 가족만의 규칙을 만들 것

아이들이 스마트폰을 사 달라고 조를 때마다 덧붙이는 "누구는 △△ 샀는데"라는 말이 왜 중요할까요?

가끔 저에게 "강사님도 아이가 있다면 아마 스마트폰 사 주실 거예요"라고 말씀하시는 양육자 분들이 계십니다. 저도 또래 아이들을 키운다고 말씀드리면, "아이를 왕따로 만드시는 거 아니에요?"라고 반문하시는 양육자 분도 본 적이 있습니다. 저희 아이들이 과연 왕따일까요?

캠핑장에 가서 하루 종일 스마트폰 게임을 하는 친구와 보드게임을 가져가서 노는 친구. 양육자 분들은 우리 아이가 어떤 친구와 친하게 지냈으면 좋겠다고 생각하십니까? 이렇게 생각하면 결론이 참 쉽게 나오지 않나요?

엄마는 내 폰 검사 안 해?

#데이트폭력 #간섭 #통제 #스토킹 #동의 #거절 #존중

친구들과 한참을 놀다 들어온 해인이가 저녁을 먹으며 저에게
물어봅니다.

"엄마는 내 폰 검사 안 해?"

"엄마가 검사해야 해?"

"아니, 안 궁금하냐고⋯⋯. 지난번에 엄마가 비밀번호 적어 놓으라고
해서 적었는데, 엄마는 한 번도 검사를 안 하고 얼마 전에 보니까 비밀
번호 적어 놓은 것도 버렸더라고. 사진 찍어서 보관했어?"

"아니. 엄마는 너를 믿어. 학교 다녀오면 어떤 일이 있었는지 얘기해
주고, 속상한 일도 다 얘기해 주는 너를 믿어. 그래서 지금은 폰 검사
를 할 필요가 없다고 생각해. 그렇지만 네가 뭔가를 숨기는 것 같은 느
낌이 들면 그때는 검사할 수도 있어. 그리고 해인아, 검사하는 이유는
엄마가 너의 모든 것을 알고 싶어서가 아니야. 네가 안전하길 바라기

때문이지. 그런데 그건 왜 물어본 거야?"

"애들이랑 다 놀고 집에 가려고 하는데 친구들이 카톡 내용도 지우고, 전화 온 것도 지우고 하길래 뭐 하냐고 물어보니까, 한 친구는 엄마한테 거짓말한 게 걸릴까 봐 지운다고 하고, 다른 친구는 남자 친구가 검사를 한대. 오늘 우리랑 논다고 이야기 안 해서 남자 친구가 화를 낼 수도 있어서 지운다는데, 나는 그런 경험이 없으니까 이해가 잘 안 돼."

"해인아! 첫째, 거짓말은 나쁜 거야. 네가 잘못한 것보다 거짓말을 했기 때문에 더 혼날 수 있다는 것을 알고 있지? 둘째, 사귀는 사이에 그렇게 하나하나 감시하는 것은 데이트 폭력이야."

"데이트 폭력? 그게 뭐야?"

"연인들 간에 이루어지는 폭력을 의미해. 사귀는 사이라고 해도 나를 나로 인정해 줘야 하는데 그러지 않고 감시하고, 자기 마음대로 명령하고 시키는 것, 원하지 않는데 스킨십을 하는 것, 그리고 그것이 당연하다고 생각하게 만드는 것 모두가 데이트 폭력이야."

"엄마, 스마트폰 검사 하는 것 말고 다른 건 뭐가 있어?"

"예를 들면 나는 치마를 입고 싶은데, 남자 친구가 바지를 입으라고 강요하거나……."

"옷차림도 간섭한다고? 남자 친구가?"

"그럴 수도 있어. 그게 바로 통제하는 거야. 내 여자 친구니까 내 마음에 들도록 행동하도록 강요하는데 그걸 화를 내지 않고 웃으면서 이야기하니까 상대방은 폭력인지 모를 수도 있지."

"또?"

"네가 싫다고 하는데도, 자꾸 스킨십하는 것도 포함돼."

"아, 진짜 싫다."

"그러니까 남자 친구 사귈 때는 이 남자 친구가 나를 존중하는 사람인
지가 정말 중요해."

초등학교에서도 데이트 폭력이 간혹 일어나곤 합니다. 사귀는
사이에 감시하고 구속하는 것들이 대표적입니다.

아이들이 사용하는 앱 중에는 친구를 맺으면 그 친구의 이동 경
로를 볼 수 있는 앱이 있습니다. 이 앱을 통해 아이들은 자신의 이
성 친구가 자신에게 말한 곳으로 가고 있는지, 다른 친구와 같이
있는 것은 아닌지 추적할 수 있죠. 아이들은 단순히 상대를 좋아
하는 감정으로 그러는 것이기 때문에 무엇이 잘못되었는지 잘 알
지 못합니다. 그러나 잘 생각해 보면 스토킹 앱과 다르지 않습니
다. 제가 수업할 때는 가급적 깔지 않길 바란다고 말해 주는 앱 중

하나이기도 합니다.

초등학생이라고 해도, 아이들은 연인이라는 이유로 상대에게 스킨십을 강요합니다. "키스해 줘"를 반복하며 "안 해 주면 안 된다", "사랑하면 누구나 다 할 수 있는 행동이다", "누구도 했다더라"라고 이야기합니다.

그때 동의와 거절을 확실히 할 수 있어야 하는데, 사귀는 관계에서 냉정하게 거절하기 힘든 아이들은 상대방의 요구를 들어주게 되는 경우가 다반사입니다. 그렇기에 더더욱 우리는 아이들에게 '동의'와 '거절'의 의미와 방법을 반드시 알려 줘야 하고, 어떤 상황에서 어떤 일이 생겨도 나를 존중해 주는 친구들을 만나는 것이 중요하다는 사실을 꼭 인지시켜 줘야 합니다.

그 얘길 왜 지금 하는 거야?

#양육자 #부모교육 #믿음 #신뢰 #용기

미르와 길을 걷다가 아파트 후문에 있는 편의점 앞을 지나가던 길이었습니다.

"엄마, 저기 △△ 편의점 사장님 진짜 별로야."

"응? 왜?"

"있잖아, 우리가 뭘 먹으면서 들어간 것까지 계산하라고 하고, 이건 여기서 산 게 아니라고 했더니 아저씨가 막 욕하면서 나가라고 밀쳤어."

"뭐라고? 언제?"

"우리 이사 가기 전에……. 그리고 저 아저씨, 여자애들한테는 막 서비스 주면서 남자애들한테는 500원짜리인 거 분명히 아는데, 계산할 때 700원, 800원이라고 막 그래."

"너한테도 그랬어?"

"아니. 우린 그 아저씨 그러는 거 잘 알아서 급한 거 아니면 정문 마트에서 샀지."

"근데 미르야, 그 얘기를 왜 지금 해? 오해를 받았고, 그 오해를 못 풀었고, 기분이 나빴고, 그래서 편의점까지 못 갔을 정도인데……."

"그냥. 별일 없었고, 엄마한테도 혼날 것 같았지."

"엄마한테 혼날 것 같았다고? 왜?"

"사장님이 우리를 나쁜 아이라고 욕하니까. 엄마도 잘못했다고 할 것 같았어."

"미르야, 그건 아니야. 아저씨가 오해해서 너희에게 욕한 거는 사과를 받아야 하는 것이고, 혹시 너희가 잘못했다면 엄마랑 함께 가서 잘못했다고 용서를 구해야 하는 거야. 그때 이야기해 줬다면 네가 편의점을 편하게 다닐 수 있었을 텐데. 그렇지?"

"엄마, 그럼 나 안 혼냈을까?"

"네가 잘못한 거 없다면서!"

"응."

아이들은 어른들이 잘못한 일이라고 하면 겁부터 먹습니다. 어

른들이 엄마에게 이른다고 하면 자기 자신이 어떤 것을 잘못했는지 되짚어 보는 게 아니라 엄마에게 혼날 것을 걱정합니다. 엄마를 실망시킬까 봐 걱정하는 아이들도 많습니다. 미르의 이야기를 듣고 다시 한번 저 스스로를 되돌아보는 시간을 가졌습니다. 혹시 다른 사람의 말만 믿고 아이들을 평가하지는 않았는지, 아이들의 이야기를 듣기 전에 화부터 먼저 내지는 않았는지 말입니다. 이 이야기는 우리 아이들에게 일어날 수 있는 폭력과도 맞닿아 있습니다.

어른들과 아이들의 뇌 구조는 다릅니다. 저는 1년이 넘도록 카페 활동이나 온라인을 통해서 만난 사람들이 있지만 그들을 친구라고는 생각하지 않습니다. 그냥 온라인에서 나와 관심사가 같은 사람들일 뿐입니다. 하지만 아이들은 그렇지 않습니다. 3일만 같은 주제로 이야기하고, 3일 동안 누군가가 자신의 이야기를 들어주고, 자신을 이해해 주면 금세 친구라고 생각합니다. 온라인에서 만난 사람이 좋은 사람이 아니라고 그렇게 주의를 주어도 자기 친구는 그렇지 않다며 오히려 감싸고 돌죠.
그나마 다행인 것은 학교에서 성교육은 안 해도, 성폭력 예방 교육은 끊임없이 하기 때문에 많은 아이들이 온라인에서 만난 사람이 나랑 동갑이라고 말해도 실제로는 동갑이 아닐 수 있다는 것, 같은 성별이 아닐 수 있다는 것, 섣불리 만나러 나가면 안 된다는 것 정도는 알고 있습니다. 그럼에도 불구하고 외로운 아이들은 함께 대화를 나눠 주고, 자신을 이해해 주는 가해자들에게 쉽게 빠지기 마련입니다. 친밀감을 무기로 가해자들이 아이들에게 몸 사진을 요구하는 일들은 익히 들어서 아실 것입니다. 그런데 이런 요구는 한 번으로 끝나지 않습니다. 점점 더 과한 사진, 이상한 사진들을 요구합니다. 아이들이 보내기 싫다고 하면 그때 가해자가 꺼내는 말이 "엄마한테 이른다", "엄마한테 보낸다"입니다.

우리 아이들이 이런 일을 당하면 "엄마한테 보내세요!"라고 용기 있게 말할 수 있는 아이가 되었으면 좋겠습니다. 엄마가 언제든 나를 믿어 주고, 실수해서 넘어지더라도 일으켜 줄 수 있다는 믿음을 가질 수 있으면 좋겠습니다. 설령 부모에게 혼나더라도 그건 자신을 걱정해서 그렇다는 것을, 자식을 위해서라면 부모는 어벤져스보다도 더 강력한 힘을 가질 수 있는 사람이라는 것을 알았으면 좋겠습니다. 우리는 부모로서, 또 양육자로서 어떻게 해야 아이들에게 이런 믿음을 줄 수 있을지 함께 고민해 봐야 합니다.

널 믿어, 엄만 네 편이야

#가족 #사랑 #믿음 #신뢰

제 친정 어머니는 제가 결혼하기 전까지 늘 이런 말씀을 해 주셨습니다. "엄만 널 믿어." "엄만 늘 네 편이야."

그땐 왜 그런 말을 하셨는지 알 수 없었지만 그냥 엄마가 나를 믿어 준다는 것이 좋았고, 세상 사람들이 나를 손가락질해도 내 편을 해 준다는 엄마가 좋았습니다.

어른이 되어 아이를 낳아 보니, 저 역시 우리 아이들에게 그런 이야기를 가끔 하게 됩니다. 갑자기 고백하듯이 말이죠. 진지하게 이런 이야기를 하면 아이들은 '내가 뭘 잘못했나?', '엄마 또 왜 저래? 어디서 무슨 교육을 듣고 왔나?'라는 생각을 하거든요.

그날도 베란다 정리를 하다가 뜬금없이 해인이에게 이 말을 건넸습니다.

"해인아."

"응?"

"엄만 널 믿어."

"엄마 잘 안 믿잖아. 지난번에 나 답안지 안 베꼈다고 했는데도 안 믿었잖아."

"근데, 그때 네가 진짜 답안지 베꼈잖아."

"응. 그래서 엄마한테 혼났지. 근데 왜 갑자기 날 믿는데?"

"답안지 베낀 건 네가 거짓말을 한 걸 엄마가 이미 알고 있어서 안 믿은 거지만, 네가 답안지 베낀 이유를 이야기했을 때는 엄마가 이해해 줬잖아."

"근데도 벌받았잖아."

"거짓말을 했으니까……."

"도대체 엄만 나의 뭘 믿는다는 건지 모르겠어."

"네가 답안지를 베껴도 잘 자랄 것을 믿고, 중요한 순간 엄마가 옆에 있다는 것을 안다는 것을 믿고, 힘든 일이 있을 때도 엄마에게 말해 주고 함께 이겨 낼 수 있는 사람이라는 것을 믿어. 순간순간 네가 가장 빛나고 잘 자라고 좋은 선택을 할 거라는 걸 믿는다는 뜻이야. 거짓말 하는 거 말고. 그리고 엄만 네 편이야. 무슨 일이 있으면 꼭 말해 줘. 그 것이 좋은 일이든, 나쁜 일이든."

"엄마, 엄마는 내가 친구랑 싸우면 무조건 내 편 안 들던데? 지난번에 도 내가 서운하게 한 거 아니냐고 해서 나 완전 속상했어."

"아, 그랬구나? 미안. 그래도 원래는 진짜 네 편이야. 믿어 줘."
"응. 그렇다고 생각할게."

저희 집이라고 뭐가 다르겠어요? 다 실패를 경험합니다.

"널 믿는다"는 말이 제겐 정말 힘이 되었던 기억이 있어서 건넨 말이었는데, 아이는 그 말을 거짓말을 해도 믿는다는 것으로 받아들인 모양입니다. "엄만 늘 네 편이야"라는 말도 혹시 폭력이나 피해를 경험했을 때나 혹시 가해자가 되는 순간에도 너의 편에 서서 최선을 다할 거라는 의미의 표현이었는데, 아이들은 더 가까운 곳에서 엄마는 온전한 자신의 편이 아니라는 것을 실감하고 있었던 모양입니다.

아이들과 조금 더 가까운 곳에, 아이의 손이 닿는 곳에 있고 싶은 것이 우리 양육자들의 마음일 것입니다. 하지만 어느 순간 아이들은 새처럼 날아가 버리기도 합니다. 다시 아이들을 불러 놓고 이야기를 시작했습니다.

"해인아, 미르야, 엄만 어떤 사람이야?"

"엄만 늘 노력하는 사람이야. 아직도 공부를 해. 근데 그게 싫어."

"그게 싫어?"

"엄마가 공부를 좋아하니까 내가 공부하기 싫다고 말할 수가 없어. 엄마도 공부 그만하면 좋겠어."

"아니, 엄만 너희들에게 어떤 사람이야?"

"엄만 우리를 존중하는 사람이야. 싫다는 건 안 시켜."

"그리고 또?"

"엄만 안아 주는 사람이야. 우리가 안아 달라고 하면 늘 꼭 안아 줘. 그게 너무 좋아. 따뜻하거든."

"맞아. 엄마는 너희를 안아 주는 사람이야. 엄마 안에서 따뜻하게 좋은 것만 바라보도록 키우고 싶은데 세상이 그렇지 않을 수도 있어. 그럴 때는 엄마 품에 쏙 들어와 숨어도 돼. 힘들면 엄마 품에서 충전도 하고, 조금 쉬었다 가도 돼. 좋을 때는 너희들의 에너지를 엄마에게 나눠 주면 좋겠어. 좋은 일도 나누고, 힘든 일도 함께 나누는 게 가족이야. 엄마는 인권이나 폭력에 대한 공부도 많이 하니까, 혹시 친구들에게 그런 힘든 일이 있으면 엄마가 같이 안아 줄 수도 있어."

미르와 해인이와 소파에 앉아 두런두런 이야기를 하는데, 갑자기 미르가 눈물을 또르르 흘립니다. 갑자기 눈물이 난다나요. 아직 저도 가야 할 길이 멀다는 것이 느껴집니다.

우리 아이들에게 우리는 믿을 만한 양육자인가요? 아이들 주변에 힘들고 어려운 일을 이야기할 수 있는 사람을 만들어 주는 것도 중요한 일입니다. 그 사람이 꼭 양육자가 아니어도 괜찮습니다. 믿을 수 있는 어른이 한 명이라도 있다면 아이들은 언제라도 힘을 내고 바른 길로 갈 수 있다는 것을 기억하시면 좋겠습니다.

머뭇거리지 않고 제때 시작하는 우리 아이 성교육

성교육 전문가의 일상 대화로 들여다본 성 이야기

© 김유현 2022

1판 1쇄 발행 2022년 10월 24일

지은이 김유현
펴낸이 윤상열 | **기획편집** 염미희 최은영 | **교정교열** 한아름
디자인 여YEO디자인 | **마케팅** 윤선미 | **경영관리** 김미홍
펴낸곳 도서출판 그린북 | **출판등록** 1995년 1월 4일(제10-1086호)
주소 서울시 마포구 방울내로11길 23 두영빌딩 302호
전화 02-323-8030~1 | **팩스** 02-323-8797
이메일 gbook01@naver.com | **블로그** greenbook.kr

ISBN 979-11-87499-23-7 13590